NATURAL CAPITAL
VALUING THE PLANET

自然资本
为地球估值

【英】迪特尔·赫尔姆（DIETER HELM） 著

蔡晓璐 黄建华 译

刘媛媛 校

中国发展出版社
CHINA DEVELOPMENT PRESS

图书在版编目（CIP）数据

自然资本：为地球估值/（英）迪特尔·赫尔姆著；蔡晓璐，黄建华译.
北京：中国发展出版社，2017.9
ISBN 978-7-5177-0707-3

Ⅰ.①自… Ⅱ.①迪… ②蔡… ③黄… Ⅲ.①环境保护—研究 Ⅳ.①X

中国版本图书馆CIP数据核字（2017）第145734号
著作权合同登记号：图字 01-2017-4158

Natural Capital: Valuing the Planet by Dieter Helm

Copyright@2015 Dieter Helm

Originally published by Yale University Press

ALL RIGHTS RESERVED.

书　　　名：自然资本：为地球估值
著作责任者：[英]迪特尔·赫尔姆（Dieter Helm）
出 版 发 行：中国发展出版社
　　　　　　（北京市西城区百万庄大街16号8层　100037）
标 准 书 号：ISBN 978-7-5177-0707-3
经 　销 　者：各地新华书店
印 　刷 　者：三河市东方印刷有限公司
开　　　本：710mm×1000mm　1/16
印　　　张：16
字　　　数：214千字
版　　　次：2017年9月第1版
印　　　次：2017年9月第1次印刷
定　　　价：50.00元

联 系 电 话：（010）68990630　68990692
购 书 热 线：（010）68990682　68990686
网 络 订 购：http://zgfzcbs.tmall.com//
网 购 电 话：（010）88333349　68990639
本 社 网 址：http://www.develpress.com.cn
电 子 邮 件：bianjibu16@vip.sohu.com

译者序

迪特尔·赫尔姆长期致力于能源政策、气候变化等问题研究，著有《碳危机：我们如何得到气候变差的原因和如何修复它 》等多部书籍，现任牛津大学新学院能源政策学教授。是英国能源与气候专家、英国能源和气候变化大臣经济咨询组成员。2011年，担任欧盟委员会顾问，协助起草2050年能源路线图，同时也是欧盟能源专员和特别顾问、特设咨询小组主席。作者所任职的牛津大学新学院（New College），是牛津大学中规模最大、资金最充沛、历史最悠久的学院之一，拥有约620年的历史。

迪特尔·赫尔姆认为，正如20世纪30年代的失业经历要求重塑宏观经济学中的很多内容一样，气候变化也需要新思维。20世纪90年代中期，有关气候变化传统思维方式的缺点逐渐显现。当时，经济学家们受政府间气候变化问题小组委托，使用成本效益分析法来评估其对环境的破坏。此外，标准的经济学分析极少将环境商品纳入考虑范围，譬如大气、森林、河流、湿地、红树林和珊瑚礁，以及稳定的气候。为此，联合国开始推广"自然资本"的概念，将其作为一种环境商品的估价方式。当我们破坏自然资本的时候，不仅在破坏我们的生命支撑体系，同时也在破坏今人与后人的经济基础。

本书中的"自然资本"是指能从中导出有利于生计的资源流和服务的自然资源存量（如土地和水）和环境服务（如水循环）。自然资本不仅包括为人类所利用的资源，如水资源、矿物、木材等，还包括森林、草原、沼泽等生态系统及生物多样性。

随着中国经济的持续快速发展，城市进程和工业化进程的不断增加，环境污染日益严重，国家对环保的重视程度也越来越高。十八大报告明确提出，要把生态文明建设放在突出地位，融入经济建设、政治建设、文化建设、社会建设各方面和全过程，努力建设美丽中国，实现中华民族永续发展。

生态文明建设中的一个难点，就是如何实现经济增长和环境保护的协同推进。自然资本的提出，对于解决这个难点提供了一个好的解决方案。传统经济学以自然资源无限供给作为条件。自然资本的稀缺性将直接影响一个地区的经济产出，如中国越来越多的地区，由于土地、能源和水资源供应不足，制约了当地经济的发展。从这个意义上来说，自然资本是中国未来新的增长动力之一。增加资源的数量和质量，就会增加社会总产出。从发展角度而言，针对这种自然资本的投资有很高的回报率。自然资本的出现，改变了中国未来的投资结构与投资方向，也将使中国经济重获生机。

基于迪特尔·赫尔姆的研究，以及国际与国内环保现实要求，在中国推广"自然资本"的理论与实践，把"自然资本"作为一种环境商品的估价方式，既有理论基础，又有现实意义。

《自然资本》这一书自2015年由何小锋教授引进中国，作为北京大学经济学院教师与研究生们的重要学习与研究的教材，引发了大家学习、研究、实践的热潮，并在相关政府单位、行业协会产生了极大的共鸣。为了更好地在中国推广与应用迪特尔·赫尔姆《自然资本》的研究成果，为中国打造绿色、环保、节能、可持续发展投资生态环境做贡献，何小锋教授及其团队在开展教学、研究、实践的基础上对本书进行了翻译。

本书的翻译是何小锋教授及其领衔的北京大学金融与产业发展研究中心团队和中国传媒大学经管学部共同合作，继资产证券化、股权投资领域进行长期研究并取得丰硕成果之后对投资又一深化与细化的研究。未来，该团队将在《自然资本》这一细化领域投入更多的精力研究与实践，力争为中国的绿色投资开辟新的篇章，为人类的"共同家园——地球"节能减排。

本书由何小锋教授进行宏观上指导，由蔡晓璐博士、黄建华博士进行统稿与修改，由刘媛媛博士进行校稿。

本书共分为十三章，金亮等参与本书的第六章至第八章及第十二章内容的翻译；周曦彤参与等本书的第二章及第五章内容的翻译；李丽荣等参与本书的第一、第九、第十、第十一章内容的翻译。

在此特别感谢本书原作者迪特尔·赫尔姆教授，感谢北京大学金融与产业发展研究中心的教授、博士后、博士，以及2015级金融学硕士研究生，感谢合作单位中国传媒大学经管学部的大力支持。

感谢中国发展出版社编辑的努力工作，以及广大读者的热心支持。

由于本书内容专业跨度大，涉及生态学、环境学、经济学、会计学等方面，为本书的翻译增加了不少难度。尽管译者谨慎动笔，用心求证，但难免存在疏漏，恳请批评指正。

2017年5月1日于未名湖畔

目 录

导　论　认真对待自然资本

　　在康沃尔郡大陆边界外30英里的地方，坐落着美丽的锡利群岛，而群岛最西侧的岛屿布赖尔岛西南角的一小块草地上生长着矮三色堇。你需要非常仔细地，甚至在放大镜的帮助下才能找到它。这种小堇型花也生长在英国康沃尔郡一处群岛中的圣马丁岛上①。

　　很少有人见过这种花朵，因此也不会有太多人为它濒临灭绝而感到惋惜。植物学家们会定期去观察这种隔离群落的生存情况。如果人们知道这种花朵是多么稀有，也许就会有更多人来关注它们。但这与人们平时关心的其他事相比实在是微不足道。

　　埃克斯穆尔高地位于德文郡和萨默塞特郡的交界处，石南荒野位于其上。如果荒野里的泥炭泥沼和沼泽干涸了，那么可能会引起更多人的关注。一些人也许会怀念这一逝去的肃穆开阔的风光。而另一些人则可能由于暴雨导致巴勒和埃克斯河流泛滥，河水冲进市区，只能困于埃克塞特郡的家中。

　　如果北海油气资源快速衰竭了，那么相信所有人都会关注这一问题。英国人已经从这些油气资源中获益30多年了，如果这些资源减少了，那么他们将会面临更高的税收以及由于更多能源需要进口所带来的英镑汇率贬值的问题。

　　以上三个例子有什么共同点呢？共同点在于这三个例子叙述的都是具体的，地区性或国家性的自然资本。第一种资本给予观看者直接的效用——令

---

　　① R. Parslow, The Isles of Scilly (London: Harper Collins, 2007), p. 47. The dwarf pansy can also be found in central and southern Europe.

人愉悦，但是除此以外没有明显的用处①。第二种资本不仅提供美丽的自然风光，同时也提供隔绝洪水这类重要的环境服务。第三种资本是一类核心的能源资源，用来支撑我们以化石燃料为基础的经济体系。它们都是自然资本委员会定义的自然元素，它们直接或间接地为人类提供价值。我们可以将其分类为生态系统、物种、淡水、土地、矿产、空气、海洋及其自然过程和自然功能②，或者我们统称其为自然资本。

　　以上这组例子似乎都是位于英国的，但其实对于世界任何地区，我们都可以举出类似的例子。美国的例子可以包括西部大草原上的沼兰，它们生长在冰川时期末期的冰河遗迹的坑洞中；卡茨基尔山流域的水系，它们是纽约市用水的重要来源③；美国丰富的常规油气资源和页岩油气资源。对于发展中国家，美丽的珍稀物种、水域和生态服务、矿产资源也是非常丰富的。每个国家都有自己的自然资本，虽然本书中所提到的例子大部分是英国的，但我们只是用这些具体的例子来说明自然资本的基本特征，如何进行记账、计量和估值，以免叙述过于空洞。

　　自然资本是众多资产中的一类。资本是一种生产要素，用来生产产品和服务造福人类。之所以称其为"自然的"，是因为这种资本本身不是由人类生产出来的，而是由大自然无偿提供给我们的。对于一些自然资本，如北海的油气资源，由于它们的储量固定，因此就会产生谁来消费它、什么时候消费它、会带来怎样的结果等问题。这种自然资本是不可再生的。而另一些资

---

① I borrow the terms 'use' and 'delight' from T. C. Smout, *Nature Contested*: *Environmental History in Scotland and Northern England since 1600* (Edinburgh: Edinburgh University Press, 2000). Economists typically use the rather less exciting terms of 'use' and 'nonuse' benefits.

② Natural capital 'refers to the elements of nature that produce value or benefits to people (directly and indirectly), such as the stock of forests, rivers, land, minerals and oceans, as well as the natural processes and functions that underpin their operation'. Natural Capital Committee, 'The State of Natural Capital: Towards a Framework for Measurement and Valuation', report, April 2013, p. 10. See also E. B. Barbier, *Capitalizing on Nature*: *Ecosystems as Natural Assets* (Cambridge: Cambridge University Press, 2011).

③ For details on the western prairie fringed orchid, see www.iucnredlist.org/details/132834. For a critical comment on the Catskill watershed, see M. Sagoff, 'The Catskill Parable: A Billion Dollar Misunderstanding', *PERC Report, 23*:2 (Summer 2005).

源则更吸引我们，因为只要谨慎使用，不过度开采，大自然就会持续向我们免费提供。这类资本是可再生的，几乎以零成本就可以获得无穷的储量，因此具有非凡的价值。大自然会持续向我们提供着三色堇和泥炭沼泽——只要我们不过分耗用这些资源使得它们无法再生。

有些人可能会反感将自然资本认定为一种为人类提供福利的商品，或是生产过程的投入品。在三色堇的例子中，他们可能认为三色堇本身就具有内在价值，甚至是无价的，只有像华兹华斯这样的诗人才能体会它们的价值，而不是被称为"沉闷科学家"的经济学家（19世纪的历史学家托马斯·卡莱尔对于经济学家的称呼）。在他们眼中，经济学家只关注效用、成本、利润和账目[①]。他们认为大自然拥有超越经济学收益的精神价值。正如梭罗所说的，"我们需要自然的滋补……我们对于自然的渴求是无限的"[②]。

有些反对进步和经济增长的环境保护运动过于消极，比如卢德派不愿面对不断增长的经济需求，以及需要为商场购物、物业账单和房租付费的现实。这种行为犹如掩耳盗铃，十分危险，因为他们不愿进行理性讨论，给予我们劝说的机会，也因为大自然通常会淘汰止步不前的人。

虽然更激进的保护大自然的言行也应该被尊重，但这些保护运动的支持者也不应该忽视经济学试图解决的，关于配置资源的重大问题。经济学要求人们进行资源配置的决策。用于保护布赖尔岛的三色堇上的经费原本可以用在其他用途上，比如当地的医疗服务。原本没有用在保护埃克斯穆尔泥炭高地的经费就可能必须用来加固埃克塞特郡的防洪设施。如果因为很多人担心导致气候变化，而将油气资源留在地下不使用，那么这就意味着更高的税收或更低的政府支出。

保护自然不能只是一味地不使用自然资源，保护自然需要在不同的经

---

① See, for example, Wordsworth's poem 'Nutting' and his *A Guide through the District of the Lakes*, especially the first section, 'View of the Country as Formed by Nature'. First published in 1810, the work is best known from its updated 1835 fifth edition. See also T. Carlyle, 'Occasional Discourse on the Negro Question', *Fraser's Magazine for Town and Country*, London, 1849.

② H. D. Thoreau, *Walden; or, Life in the Woods* (Boston: Ticknor & Fields, 1854).

济结果之间进行权衡取舍。引入自然资本的概念是一种使自然价值嵌入经济体系的方法。通过权衡，我们可以给自然确定一个价格，但这个价格不会是无穷大的。为自然的效用定价和估值是一种非常不完善、有很大局限性的尝试，同时面临很多问题。问题的核心不是某种资源是否有价值，而是这种资源究竟值得花多少经费去保护和改善它。如果自然资源都是无价的，那么我们就无法清晰区分哪些资源更重要，保护主义者更应该集中精力保护哪些资源，保护项目应该投放到哪些资源上才能带来最大的效用。每一个自然保护区、野生动植物信托基金或是国家公园的管理者都必须有效地配置他们有限的预算。他们做什么和不做什么反映出他们对于不同自然资源之间的相对估值，这是我们需要面对的现实。即使哲学家可能坚持认为自然的价值是无穷的，但是无穷在讨论资源的成本时是没有意义的。

拒绝为自然资本进行经济定价可能会导致环境灾难。如果不为碳排放定价，那么一直以来的过度排放就会继续，从而产生灾难性的后果。如果不为硫、内燃机的颗粒物以及硝酸盐排放定价，那么空气会变得无法呼吸，河流和湖泊会富营养化，使得鱼和无脊椎动物无法生存。如果没有定价，那么就会造成过度捕鱼。加拿大和美国之间的五大湖富营养化，加拿大的大浅滩鳕鱼灭绝，以及中国城市中大量新生儿早夭都是由于缺乏为自然定价造成的严重后果。伦敦和纽约也没有逃过严重的空气污染。

有人可能会认为这些问题的解决措施是禁止污染和保护环境，我们不应该干扰大自然。这些天真的乌托邦思想没有任何实际意义。禁止汽车？禁止化石燃料？禁止中国的经济发展？禁止化肥？这样的结果是生活会变得简单，但非常困难，贫穷人口不断增加。也许这种生活对于某些知识分子具有吸引力，他们也能承受得住，就像梭罗住在瓦尔登湖边上的小木屋中或者其他一些愿意追求另类生活方式的人。但是除了早期那些生活在沙漠或者偏远地区的神秘的先知和僧侣，对于大多数人，这种生活的吸引力是非常小的。这不是融入社会该有的行为，这是逃避社会。

尽管憧憬很美好，保护运动也此起彼伏，但是现实却是这些自然保护者未能取得应有的成效。在20世纪，除了偶尔有一些艰难取得的胜利，整个环保运动的状况是恶化的。同时，对于环境的破坏行为却在与日俱增。大气和海洋不断受到污染，全球的生物多样性也不断减少。根据目前的发展趋势，在21世纪，世界经济可能将会增长16倍，人口会新增30亿，这比20世纪中叶全球人口的总和还要多，全球平均气温可能上升2℃甚至4℃，一半的物种可能灭绝。

这些数字太抽象使得我们无法深刻领会数字背后的含义。我们理解的经济增长是逐渐增加的，区域性的——某地的一处新建房产，另一处的一座新厂房。但与经济二三十年翻一倍的状况比起来，即使是全球性的基础设施和房屋建设项目也显得很微小。我们很难想象中国经济在目前的体量上再增长16倍是怎样的景象，更不用说这种增长暗含的资源需求。而实际上中国目前的经济增速比我们假设的还要快很多①。

如果按照过去的方式继续发展经济，那么我们可能会把自然完全破坏，而且面临上述规模的自然崩溃时，政策的效用也是十分微弱的。与要面对的自然崩溃相比，三色堇，埃克斯穆尔高地的沼泽，甚至北海的油气资源的问题只是冰山一角。

尽管问题的规模大了好几个量级，但是这些问题都不是新出现的，它们已经存在很长一段时间了。大家都应该察觉到了野外空间、原始森林和许多物种的消失，仅仅从自然节目能吸引如此众多的观众就可获悉。野生的花朵和农场的小鸟都从原野上消失了，春天不是那么安静，因为即使在乡村，交通的噪音也远远盖过大自然的声音。风景中的色彩和声音都不再是50年前的样子。还有一些比较难以发觉的变化，比如昆虫的数量也大幅减少了。在夏季，昆虫飞溅到车辆挡风玻璃上的情景已经不会再发生。似乎二战之后，由化学品公司使用DDT发起对昆虫的战役，已经通过不断研发的杀虫剂而接近

---

① At the current 7% per annum, China would be a staggering – and implausible – 250 times bigger in 2100 than now.

完全胜利①。今天的孩子们不知道他们已经失去了什么。

为什么这些类似解决气候变化问题采取的措施都收效甚微呢？不是说我们没有解决的办法，也不是说可持续的发展路径不存在，可持续发展的收效是巨大的、可期的和经济的，但是如果照目前的方式发展下去是不可能达到预期收效的。如何增强环境保护的效果很大程度上还是取决于经济——取决于如何将环境放在经济的核心位置，如何从经济学的角度去思考大自然。将环境看成由自然资本组成，而自然资本是与人造资本和人力资本并列的资本类型，自然资本就能够融入经济的脉络，而不再是经济的附加物。经济生产过程就是将自然资本、其他形式的资本和劳动结合，去生产我们需要的产品。自然就成为生产我们需要的消费品、健康服务和休闲服务的投入品。植物为我们提供呼吸的氧气，清洁我们的水资源以及将我们的废弃物循环。动物为我们提供食物，而昆虫提供一系列的服务，包括喂食动物和废物降解。土地服务于农业，森林服务于生物多样性、木材和健康。没有这些自然资本，就不可能会有多少产出。

一旦自然被认作由一系列的资本组成，它就能通过经济学计算而被定价。定价的资产是值得资本追逐的，而这正是目前我们所欠缺的。通过将自然资本放入经济学的等式中，即使我们面临着自己引起严重的自然破坏和污染，我们也能够创造一个很不一样的未来。虽然我们一般认为污染的元凶是贪婪的资本主义企业，事实却是最终的污染者是我们消费者，公司只是为我们生产我们需要的产品。我们作为消费者没有为自己引起的碳排放支付应有的经济成本；我们没有为生产棕榈油对于雨林产生的毁灭性打击支付应有的经济成本；我们没有为伐木制造购物包装袋支付应有的经济成本；我们也没有为生产食物而使用化肥和杀虫剂支付应有的经济成本，我们只是理所当然地在享受自然为我们提供的服务。

在某些情况下，利用经济学的方式去看待自然资本所带来的影响是巨大

---

① See L. Lear, *Rachel Carson: Witness for Nature* (New York: Allen Lane, 1997), pp. 119–20.

的，但在有些情况下影响比较小。在上述提到的三个例子中，三色堇可能会被较好地保护——不是因为保护三色堇带来的经济回报很高，而是因为保护的成本很低，这些偏远地区的土地也基本没有其他的用途。埃克斯穆尔高地的沼泽地可以免于耕种和过度放牧的破坏，因为这种高原农牧只有通过补贴才能持续——虽然在这个例子里，这种补贴是很不恰当的。北海油气资源开采的例子就很不同了。人们会更关注污染的问题（因为污染被定价了），我们这代人也会收敛毫无限制的开采行为。参考挪威的例子，油气资源的收益将会惠及未来好几代人。收益是巨大的，不仅包括现时收益，也包含可持续的自然环境带来的收益。

本书将讲述如何从自然资本的角度，去扭转目前保护自然资源屡屡失败的不利局面。我们将介绍如何利用丰富的自然禀赋更好地进行经济生产。同时也为我们保护自然资本提供一个实用的分析框架。

严肃地对待自然资本需要回答四个基本问题。第一，可持续经济的体系是怎样的？第二，自然资本如何记账、计量和估值？第三，如何推行政策将自然资本置于经济的核心位置？第四，如何设计、筹资、实行河流、土地和海洋的恢复方案？

为了描述可持续经济，我们需要先审视一下现实——给定以往的经济增长速度和污染排放情况，以及它们对于气候和生物多样性的影响，如果我们继续按照过去的发展方式，情况会变得多么糟糕？我们会完蛋吗？这就是不可持续增长的场景，没有人可以以这种方式增长数十年而不耗尽资源。当然，世界末日不会到来，我们也不会在这个世纪将大自然不可逆转地完全破坏。即使按照过去的发展方式，21世纪也不会是人类的最后一个世纪。但随着气候的变化，我们就会不可避免地去采取行动，虽然这种情况的发生可能会在几十年以后。然而正是由于这些危机短期内不会出现，才导致我们难以在短期内将这些问题提上日程去解决。

在这种情况下，我们面临的挑战就是在损害出现之前，设计出可持续的经济增长路径。为了使留给下一代的资源至少和我们继承的资源一样好，我们需要满足许多的条件。我们过去曾以不同方式进行过许多节约资源的措施，比如继续使用人造资本替代自然资本，将iPhone回收利用，但这些措施的效果很有限。经济学家们过分高估了这种替代作用，忽略了自然资本对于人造资本和劳动的作用。更糟的是，许多农场主、开发商、企业家和政客将自然看作是阻碍进步的绊脚石。

本书的核心是以资产为基础的可持续自然资本法则，该法则关注下一代人能够继承多少资源，在承认20世纪我们对于自然资本严重破坏的基础上，确定耗用自然资本的底线。这条法则知易行难，其核心宗旨是自然资本的总量不能减少。

这听起来似乎有些过于学术或晦涩，但实际上隐含着严格的要求，任何被消耗的可再生自然资本都需要用更好的或者相应的其他可再生自然资本来补充。自然界不能出现净损耗。有些情况下自然资本的损耗是不可避免的，但是在别处就应该支付至少相同价值的赔偿金。

如果我们拓展这条法则的使用范围，要求用可再生自然资本补偿不可再生的自然资本如石油、天然气和矿物的消耗，那么就能达到更彻底的效果，这需要建立一个自然资本基金来规划增强我们的自然资本。这样下一代就能继承更好的自然资产。到了本书的最后一章，这条法则的意义就会非常清晰，因为那时我们能够为已有的自然资本定价了。

要执行自然资本加总法则就需要将自然资本纳入国家和企业的财务报表，对自然资本进行计量和定价。虽然经济学家倾向于从生态服务开始研究，然后再分析自然资本，但是以资产为基础的自然资本加总法则要求我们从需要保护的自然资产开始研究。经济学家是从采自森林的原木、木炭和木柴开始分析，从而为森林总体确定价值。而自然资本的方法是将森林看作一个生态系统，从维持这个系统的关键阈值开始分析，然后考虑这个系统所能产生的收益。

以往的经济模式会造成不可持续的后果有其必然性，背后的原因植根于国家和企业做财务分析、衡量传统经济增长和企业利润的方式。财政部门、中央银行、企业董事会、信托和慈善机构，每天的运营都是基于财务会计方式，特别是国民账户核算的方式。数字决定一切。金融时报和华尔街日报的首页，报道的都是最新的GDP；当英格兰银行和美联储决定是否调整利率水平时，关注的也是GDP的增速；企业的财务顾问在决定分红金额时考虑的是企业的现金流、运营成本和资本支出。

只关注GDP，我们就会疏忽实际上支持经济增长的各类资产，包括自然资产。目前的财务报表是不合适的，耗用自然资本的后果被忽视了。相反，耗用自然资本被想当然地认为可以帮助GDP增长。北海的石油可以带来收入、增加产出，这意味着GDP的上升。但是对应GDP的上升，没有相应的关于石油资源减少的账户处理。更糟糕的是，可再生自然资源如鱼类、雨林和土壤在这些会计准则下几乎没有价值，因为它们都是可以免费使用的。因此，为自然记账不仅仅是晦涩的学术研究，更重要的目的在于扭转破坏自然的趋势。它告诉我们自然资本消耗的现状，什么程度的自然资本的消耗是可持续的。

如果要纳入财务报表，那么自然资本就需要能够计量，这样才能确保加总法则成立。不可再生的自然资本的估值是相对容易的：石油有价格，因此消耗了的石油的价值就等于消耗的数量乘以价格。为了使加总法则成立，耗用不可再生资源的经济成本被记账的同时，需要将对应价值的金额存入基金。这个基金将会变得很大，为我们增加自然资本创造机会。

可再生资源更难计量。想要全面地去给整个大自然定价是不现实的。幸运的是我们不用这么做。我们有简化这一计量问题的方法，只需关注那些数量快要低于维持自我再生水平，以至于我们无法再免费享受自然带给我们收益的资源。只要青鱼和三文鱼能够不断养殖和快速生长，那么我们就可以继续捕捉食用。如果捕捉太多导致这些鱼类资源将被快速消耗完，那么我们将永远失去这些资源。我们需要知道的是这些资产的警戒阈值是多少，从而确保不跨越警戒线。如果由于某些原因自然资本被消耗超过警戒线，那么我们就需要采取严肃的补救措施。

严守自然破坏的底线是一大进步，但离理想的情况还有很大距离：自然资本的理想水平比现在自然被消耗后的水平要高很多。如果我们将这些能够产生额外经济利益的自然资本修复和增强，那么我们就能获得更高的可持续经济增长水平。当然我们也需要对高于警戒线的自然资本数量带来的利益进行估值。

当我们遵守了自然资本加总法则，建立了记账、计量和估值的工具包，从而定义了可持续增长路径，下一个挑战就是为自然资本方法融入经济体系，制定实用的政策。实用的政策有三条：赔偿金、环境税、补贴和许可证；提供自然资本公共品，包括保护地、公园和自然保护区。

赔偿金制度是自然资本加总法则的核心。为了确保自然资本没有减少，在总和范围内任何物理性的破坏都需要赔偿。实行赔偿金制度将带来革命性的效果。破坏就需要承担修复的责任，让人们接受这一观点是不难的，而且这也是财产权的相关法律所规定的，但我们可以想象，如果在目前进行的房屋建设、城镇化、机场、道路建设计划中，执行对被破坏的自然资本进行补偿的政策会发生什么，这会导致巨大的环保规划。想想这在美国、欧洲和中国意味着什么。而这正是实行自然资本加总法则所需要面对的。农场主、开发商、工业者和制造商为我们消费者生产产品，我们就需要承担这些成本。

赔偿金制度是针对单个项目和直接资产损害的。而第二个政策则是针对持续产生污染的活动进行定价，比如碳排放，向水道、野生动植物群使用硝酸盐和农药，向海洋排放化学品和废物。农场主和工业者厌恶这些污染税，如同开发商厌恶向新建的住宅区支付赔偿金。但不可否认的是，由于他们的忽视，目前的污染状况是极为严重的，我们的可持续经济增长非常低，我们的总体状况变差了（即使GDP上升了）。未定价的外部性是无效率的，会减少经济产出的价值。

赔偿金和污染定价制度会使得我们更接近可持续发展路径，但是想要真正走上可持续发展道路还缺少一个重要部分。许多自然资产被经济学家称为"公共品"。这些公共品包括国家公园、自然保护区、生态系统，以及从雨林到城市公园的大大小小的栖息地。之所以将它们称为公共物品而不是私人物品，原因在于私人部门没有动力去提供这些物品。我们无法简单地不让部分人使用这些物品或是对他们收费，而且任何人对这些物品的使用对其他人的使用基本不产生影响。更糟的是，由于自然提供的这些公共品是免费的，如果缺少政府干预或控制，很容易造成过度开采，这是很多自然资本都普遍面临的问题，这也是为什么这么多可再生资本目前都将要落入可再生能力警戒线之下的原因。目前使用公共品收取的费用是零，而且一直以来几乎都是零。因此没有私人企业愿意进入这个市场。所以需要社会作为一个整体来提供这些公共品，同时需要众多的社会组织一同来建立和维护这些自然保护区。

因此，目前许多的自然资本都是通过公共团体来提供的，包括众多的国家公园和保护区，英国的国民托管组织、皇家公园如伦敦市中心的圣詹姆斯公园，以及美国的自然保护协会。这些公共品可以视作为推动可持续经济发展的基础设施，从而进入国家基础设施规划和发展的框架中。可持续发展路径的挑战在于计算出我们需要提供多少数量的这些公共品，它们如何收费以及如何管理。

定义了可持续增长路径，完善了记账、计量和估值的工具体系，制定了政策确保不会再有对于自然资本的损耗，最后一步就是研究如何使自然资本增长，从而补偿20世纪对于自然资本的损耗，分析如何获得更大的经济收益，从而提高可持续经济增长速度。

为了优化环境，使下一代能够继承比我们更好的自然资产，我们需要一个富有雄心的方案来修复河流、土地和海洋自然资本，以及寻找资金来支付这些修复费用。虽然目前我们还没有完备的方案，但是却有许多由众多环境组织提出的可行的选择，而这些计划主要着眼于这些组织各自所关注的环境问题上。我们需要基于生态系统的科学理论以及规模、地区和生物多样性之间的关系，将这些计划整合形成一个切实可行的综合方案，来实现可持续的经济增长。全系统方案基于生态系统和栖息地而不是单个物种，着眼于流域管理、土地规划和海洋系统。众多独立计划的价值远不如一个综合的方案。

实现环境优化需要经费和机构的支持。经费一向是环保主义者所纠结的问题。许多组织的运营总是捉襟见肘，花费很多时间也只能得到很少的捐助，政府对于他们的资助在政府支出的优先顺序上也处于较后的位置。环保组织经常为获取更多的政府支出而进行活动。这些活动一般效果不大，获得的收入和组织的需求总是相去甚远。这种结果很容易让人沮丧。实际上存在更好、更可持续的方式，来为保护自然筹资并增强自然资本。

存在至少三种主要的经费来源：赔偿金、污染税以及开采不可再生资源的收费。自然资本加总法则阐明，为损耗可再生自然资产所支付的赔偿金需要能够保证自然资产总量不会减少。如果赔偿金制度可以有效行使，就自然而然能够产生经费资助加总法则的实行。

此外，污染税产生的潜在收入是巨大的——因为缴纳污染税的企业对于污染排放的需求是刚性的。如果能够再取消政府对于这些行业的不当补贴，比如给与农业的补贴，那么这一途径的收入规模会更大。当然这些从收取污染税或者减少补贴得来的收入，是应该用在政府的一般支出还是专门用来修复过去没有实行污染税制度而造成的自然破坏上，这个问题还有待商榷。

这还不是全部。由于耗用不可再生资源如石油和天然气，而产生的补偿下一代的赔偿金的数额也应该是很庞大的。想想目前已经接近一万亿美金的挪威主权基金，想想英国开采天然气的潜在的经济地租，再想想美国的那些开采行为。如果与开采不可再生资源产生的经济地租相等价值的资金，能够被投资在可再生自然资本上（在自然资本加总原则前提下），那么我们从过去简单地要求不再开采自然资源，转向自然资本加总原则的方式就能够带来巨大的效果。

这些资金的总额远远超过目前任何环保组织的想象，而且这些资金都不需要借助于公共支出（当然政府也不太可能会进行这些支付）。这些资金是通过为自然资本以及破坏自然资本的行为定价，提高效率而获取的，使得损耗不可再生自然资源产生的经济地租的赔偿金可以由未来的几代人一起分享，并凭借这一过程提高可持续经济增长率。

贯彻政策，保证自然资本加总法则实行、制定恢复方案、运作资金都需要一个强有力的组织机构来执行。大多数国家都已经存在一系列高级别的政府机构、自然保护组织和非政府组织。但目前基本没有机构专注于自然资本。这导致自然资本可能陷入夹缝之中，在这些机构和组织争夺更多的政治关注、成员和资金的过程中沦为牺牲品。国家级别的自然资本机构会是一个可行的强有力的组织，全球组织的建立可能比较困难。

本书展示给大家的是一种完全可行，而且在经济上有效的方法，来保护和增强我们的自然资本，从而实现可持续增长。只要正确地计量，那么经济增长是没有问题的。技术进步是不断加速的。人类的智慧持续扩展着我们能够获取和消耗物质的范围，带来了巨大的医学进步，使数以百万计的人口脱离了贫困，提供了网络和很多其他的物质条件。只要我们很好地保护和增强我们必需的资源，特别是自然资本，那么在21世纪，这一进步是可以继续的。是否选择走可持续发展路径取决于政策。目前不太可能出现剧烈的环境问题，像石油和天然气这些不可再生资源不会在短时间内消耗完。我们还可以在很长一段时间里继续不可持续地发展，污染大气、河流、土地和海洋，但我们不能永远这样。

第一章　面对挑战

杰出的博物学家E. O. 威尔逊将他的作品《寻找自然》的最后一章命名为"人类是否会自取灭亡？"——这是一个好问题，他的答案取决于人类是否是一种由基因排序决定的生物，目光短浅，只会消耗掉眼前的一切，或者他们有能力选择一种可持续的未来路径。如果答案是前者，那么人类希望渺茫。正如威尔逊所说，"达尔文的筛子沉重地碾过地球……人类与地球上曾存在过的其他生物不同，我们已经成为一种地球物理学力量……没有任何一种其他物种能够丝毫接近如此巨大的人类繁衍群体数量[①]。

尽管威尔逊并不认为人类会自取灭亡，但是一些人对于人类前景持有更为悲观的预期，预言了马尔萨斯的人口灾难。他们看到一座由人类群体及其消耗所垒起的巨大高墙，阻隔地球上有限的资源、粮食和生态系统，增长将或已经受限。这只是一个简单的供需问题，而解决方法显而易见：我们必须停止一味追求经济增长，否则一切都将含泪终结。

增长可否持续，或被放弃？这是一种选择，还是一种必要？回答这个问题要通过以下几个步骤：首先，我们要面对自然资本的残酷现实情况以及20世纪所剩的资源。第二，仰望星空，扪心自问，在21世纪我们如果继续保持现状将会有怎样的后果。第三，我们还需要弄明白，现代马尔萨斯假设是否正确，即是否真的存在制约21世纪发展的约束条件。

[①]　E. O. Wilson, *In Search of Nature* (London: Allen Lane), 1996, p. 184.

20世纪

20世纪见证了由化石燃料和新技术的结合所推动的奇迹般的经济发展转型。在人类历史上，制约人口规模发展的一个重要因素正是由人力、马力、其他牲畜劳作力和基于此的农业系统所结合起来的组合能量。生命通常是肮脏、粗鲁和缺乏理性的：人类和其他动物一样，具有无理性的野蛮能量。自然灾害则是持续的威胁，瘟疫、饥荒、火山爆发和气候波动都曾控制了人口规模。

14世纪的黑死病使得全球人口减少1/3以上，欧洲可能多达1/2。17世纪，灾难在欧洲横行，战争和饥荒频发[①]。婴儿死亡率是长期笼罩家庭的阴影。生命总是岌岌可危，各种威胁长期存在，主流宗教的末日论者通常都听风是雨。圣经中所描述的埃及饥荒与大洪水灾难在接下来的几个世纪都能产生共鸣，其现实性一直持续至今。

20世纪，这一切发生了改变。1900年地球上只有20亿人口，此后所增长的10亿人口花了50年时间。再之后，人口开始飞速增长，在2000年达到70亿。从任何一个历史角度来看，这都是一种人口爆炸，并且较多出现在发展中国家。在17世纪末，中国、印度和非洲每个国家人口都不到十亿。这三个国家中，非洲的人口最为年轻，且增长最快。其他发展中国家的人口同样趋于年轻化，例如一些中东地区国家和东南亚地区的新兴国家。以巴基斯坦为例，该国人口已经由1947年宣告独立时的3000万急剧增加到现在的2亿，且在2050年可能突破3亿。与此相反，中国却像欧洲和日本一样，人口正在老龄化。

尽管经常有疾病恐惧，从天花、肺结核到艾滋病、非典和埃博拉，但是医学的进步已经改变了人类的预期寿命。一些新药，诸如盘尼西林，已经制约了许多大规模健康杀手。孩子们有更高的存活率，人们的寿命变得更长。

---

① G. Parker, *Global Crisis: War, Climate Change and Catastrophe in the Seventeenth Century* (London: Yale University Press, 2013).

抗生素的发明将全球的平均预期寿命延长了十年之久。虽然饥饿、疾病和战争这三个马尔萨斯的人口灾难依然存在，但直到20世纪末，这些制约人口增长的问题已经在许多国家得到了缓解。在1900年，试问地球能否容纳70亿人口，那一定会被认为是科幻小说中的场景。人口能够增长如此之快，似乎是一种不可能出现的前景。然而，它却真的实现了。

20世纪的经济增长在1900年看来也如科幻小说一般。在人类大部分历史上，经济的年增长率很难达到0.5%，只有工业革命期间经济增长率达到了令人困惑的1%，并伴随着周期性经常出现的经济衰退①。然而，这1%的经济增长多数是复合性的。如果1900年的人类被告知，在2000年之前，尽管经历了两次世界大战，世界的经济增长仍然能够达到两倍于今天的数字，他们的反应很可能是嘲讽与奚落。很难相信，2000年的那个世界将成为一个汽车、飞机、坦克、火箭、卫星编队飞行，移动电话、互联网、冰箱、吸尘器、中央供暖无处不在的世界，充其量变成威尔逊科幻小说中描述的样子。此外，死亡率和劳动时间的大幅下降也同样令人难以置信。

20世纪上半叶，1%的经济增长确实是经济增长的平均水平。经济在前十五年确实有一个迅速扩张，部分由大量军费开支推动，从海军由燃煤蒸汽发动机到燃油发动机的逐步转变可见一斑。第一次世界大战推动了技术革命，内燃机开始发挥重要作用，一战后期出现了坦克和飞机。20世纪20年代是国家电力运输系统的开端，它与20世纪末的互联网一样，是一项重要的技术革命。但是接下来的1929年华尔街金融危机爆发，随之而来的全球经济衰退，最终以第二次世界大战的爆发而告终。望着1945年废墟中的广岛、斯大林格勒（如果那时还是）、柏林或伦敦，未来再次显得暗淡。只有美国的经济即使在大萧条的背景下看起来形势良好，但这并不是一个好兆头。

20世纪后半期，真正惊人的增长开始了，它与人类历史上所发生的任何增长都不是一个数量级。截至1980年，日本从1945年的废墟一跃成为世界第

---

① For growth rates over the last 1,000 years, see A. Maddison, *The World Economy*, vol. 1: *A Millennial Perspective*; vol. 2: *Historical Statistics* (Paris: OECD, 2006).

二大经济体（其人口总量少于1200万）。德国，尽管失去了普鲁士部分，仍然成为欧洲经济的领导力量，甚至英国也经历了经济增长的黄金时期。20世纪的最后二十年，中国结束了文化大革命，重新加入了世界经济竞争。这次增长使得20世纪结束在世界经济每年10%的增长局面，每七年翻一番。

这次巨大的经济扩张集中在短短的四十年，不仅使得生活水平提高，使得地球足以养活70亿人口，但也带来了严重的环境问题。因为大量使用不可再生的自然资本，即煤炭、石油、天然气、铁、铜和其他矿物作为燃料，导致了前所未有的大规模污染和栖息地毁坏。与20世纪的经济发展史相匹的是环境的破坏史①。

这种影响在地球上随处可见，没有什么能幸免于难——空气、水和陆地，任何一片纯净的自然都没有留下。大气被二氧化碳污染；海洋被当作是垃圾处理厂和下水道，鱼类数量大幅度减少；在陆地上，森林即将毁灭殆尽，土地非农化和农业化学品严重破坏野生动植物，其中许多都已经被混凝土掩埋。1900年的人可能无法想象，20世纪末，因经济发展而带来的世界变化如此巨大。他们也不会相信大面积的热带雨林迅速退化，废旧塑料随处可见，人类开始改变气候。风景特有的颜色和质地显得格格不入，因为鲜花已让位于现代农业创造的绿色与黄色沙漠。

自我审视——人们将会面临什么

与1900年的人试图预测一百年后的世界一样，我们现在预测2100年将会发生什么也是一件十分冒险的事。人们很难懂得如何才能和平地可持续发展，我们处在与19世纪一样的不利情形中，因为未来的技术始终是未知的。但是可持续发展问题关乎未来，亟待解决，审视自我必不可免。我们能够做到的最好方法是思考一些可能发生的情景，这个显而易见的开端，在于对当

---

① See J. R. McNeill, *Something New under the Sun*: *An Environmental History of the Twentieth Century World* (New York: W. W. Norton, 2000).

前趋势的简单推断。它应该被铭记于心，即通常如19世纪一样，人们不可能准确预测未来，因为技术不是一成不变的。

更重要的是，任何事发生在这片广袤的土地上都很有可能产生大规模效应。尽管这可能看起来很惊人，但是20世纪的经验只不过是人类在21世纪可能造成自然环境毁灭的开端。人口数量将继续上升（尽管此前可能已经达到一个很高的数量），消费也会上升，二氧化碳排放也将持续增长，粮食供给可能需要翻倍才能满足需求，而生物多样性可能减半。如果没有结构性的改变，那么这种现状会维持下去。从环境视角看，这将使20世纪看起来竟像在公园中野餐一般。

这些趋势根深蒂固。从现在到2050年，人口规模涨势强劲。许多未来孩子的父母都已出生，而生育能力则变化缓慢。过去几十年中，发展中国家极快的人口增长已经产生许多潜在的父母亲。在一些中东国家，生育的平均年龄小于18岁。尽管中国可能出现老龄化，部分原因是计划生育政策，但是减缓人口数量增长仍然需要一个长期的过程。

一个可靠的假设是，随着发展中国家成为发达国家，家庭的数量可能会下降。这项预测的可信度是基于经历过人口结构转型的发达国家，尤其是日本和欧洲。其结论是人口将在2050年达到峰值，2050年后人口结构将会极大不同。人们预计将会活得更长，将会有更多只消费不生产的百岁老人。在达到100亿的人口数量顶峰后，人口置换率将下降，从而带来人口规模的逐渐下降[1]。

然而我们很难确定这些必将发生，仅从人口预测史的回眸一瞥中，便可得知这项预测的风险有多大。这仅是一个假设，即财富不会反映在更大规模的家庭上，而且家庭没有从一个小规模转向大规模的趋势，因为绝对规模的增长能够增加收入。家庭越来越能够负担得起孩子的抚养，能买得起奢侈品的人也越来越多。家庭规模的下降是不可避免的。不妙的是，非洲的妇女并

---

[1] See D. Dorling, *Population 10 Billion*: *The Coming Demographic Crisis and How to Survive It* (London: Constable, 2013).

没有紧跟人口过度的情形。联合国一项最近分析显示，有80%的概率人口的数量在2100年前增加到96亿至123亿之间[①]，人口的上限是1990年人口数量的两倍。

更加确定的是，再次以现在的趋势来看，未来将会产生更多财富。人口数量和总财富都将增加，而人均财富的增加取决于总财富的增长速率是否大于人口的增长速率。持续地贯穿于20世纪的经济增长确实表现出快于人口增长的趋势，这使得人均财富上升。在任何情况下这都意味着一个新的消费壁垒。一个简单的计算能够显示这幅尚未展开的有趣图景。世界经济增长率现在为大约每年3%～4%。如果累积效应被考虑在内的话，这听起来很容易做到。但复合增长的力量不容小觑，在这种增长方式下世界经济每15～20年翻一倍。假设消费占收入的比例保持不变，那么世界的消费总量在2030年以前即达到现在数目的两倍。

尽管消费模式可能发生改变，假设大部分的增长将会发生在发展中国家，那么这些国家中产阶级数量的增长可能相同。我们可以假设发展中国家新的富人将会希望拥有像发达国家的富人们一样的消费方式。但这仅仅是开始，接下来的经济增长路径将会使得消费在2050年前成为现在的4倍，到2100年则至少是现在的16倍。这是凯尔斯梅赛德斯所指的我们的孙子辈将拥有光明的经济前景。即使是复利增长率，而他更熟悉的也只是1%[②]。

请暂停一下，并考虑一下这意味着什么。正如在1990年看2000年的世界，未来看起来像一个陌生星球。想一想所有额外的能源、实物、衣服及其所代表的消费品——所有的额外的汽车、飞机、轮船和电子产品等，想一想如果你个人的当前收入翻了16倍，将如何消费。想想今天中国强劲的增长，三峡大坝、湄公河上的两个巨型水坝，新的运河使中国的主要河流改道。想

[①]　P. Gerland et al., 'World Population Stabilization Unlikely This Century', *Science*, 346 (Sept. 2014), pp. 234–7.

[②]　J. M. Keynes, 'The Economic Possibilities for Our Grandchildren', in *Essays in Persuasion*, vol. 9 of *The Collected Writings of John Maynard Keynes* (London: Macmillan, 1930).

想中国每年电力系统换代的扩张超过英国当前全部安装的系统，以及中国的摩天大楼和特大城市的扩张，在这种情形之下未来中国的增长将达到每十年翻一倍。可以想象，在2025年我们将在太平洋发现另一个至少与今日的中国一样大的国家，而到2035年将会发现四个，以此类推。想象一下所有的这些中国人都在做现在许多欧美人认为合理的事情——乘飞机旅行、到国外度假、每个家庭拥有两部汽车、食用大量肉类。当然，这有可能不会发生。但一切很有可能还是照旧，因为并没有明显的其他方式，并且这也是领导者希望看到的，因而应该被认真对待。

一些人会把这种一切照旧的状况看作是太多人产生了过量的消费，已经从地质条件上快速改变气候。正如我的新书《碳危机》所阐释的那样，以1990年为基准，之后的四分之一个世纪气候条件并没有发生改善①。在1990年碳排放量的增长率在1 ~ 1.5ppm左右，现在的增长则将近3ppm。大气浓度已经突破400ppm（与此相比，前工业革命时期碳大气浓度为不到275ppm），而且人类也无法阻止碳浓度在接下来的几十年里突破450ppm。除此之外，科学家预测气候将比现在变暖2摄氏度。过量人口和过量消费意味着我们有可能使气候发生彻底的改变。

气候变化及其影响正被深入研究。尽管存在不确定性，但是至少能够勾勒出一些具有可能性的结果。这些结果并非都不好，尤其对于一些北纬度地区。一个更温暖的北极能够使维基人殖民格陵兰岛（且可以称之为绿地了）②或者到北美居住；一个更为温暖的北极能够使得渔场解禁，大量丰富的自然资源，无论是可再生还是非再生，都将供人类开发利用。但是相对于这些好消息，坏消息更多。如果碳排放量继续以现在的水平保持增长，那么负面影响将会使得经济无法保持现有的增长水平。这就是为何复利率

---

① D. Helm, *The Carbon Crunch: How We're Getting Climate Change Wrong – and How to Fix It* (London: Yale University Press, 2013).

② According to the Icelandic Sagas, Greenland's founder, Erik the Red, chose the name to encourage new settlers to follow him from Iceland.

3%～4%的经济增长可能无法真正实现的原因之一。

一如往昔的经济和人口增长对农业的影响是难以置信的。太过炎热的气候使得养活不断增长的人口变得更为困难，为了能够养育90亿到100亿更为富有的人口，农业生产需要进行改革。假设额外的收入在发展中国家体现为更多鱼类和肉类的消费，那么自然食品的产出到2050年必需翻倍。[1] 经济增长和生鲜产品消费之间有密切的关系。肉类消费在中国持续上升，同样的情况也将出现在印度和非洲国家。特别是红肉消耗与谷物消耗极不成比例。由植物到肉类的转化率极低，仅为10%[2]。水产养殖业无疑贡献很大，但是很可能会对海洋和湖泊造成与陆地一样毁灭性的破坏，然而这种破坏可能更不易察觉。正所谓眼不见，心不烦。东南亚的捕虾业对红树林造成的破坏或许正是即将来临的预兆[3]。

额外的粮食需求本身就是一个问题，然而对生物能源作物的需求增加使得这一问题更为恶化。以棕榈油、甘蔗和玉米作为乙醇燃料正与粮食生产进行迎面竞争。在美国，乙醇生产占据了大量农业用地，40%的玉米用于生产乙醇[4]。在英国，大量的小麦生产不用于粮食，而是用于生产生物柴油[5]。这些生物能源作物不仅推高了食品和土地价格，而且土地用途的改变对二氧化碳的排放也有负面效应[6]。

---

[1] World Bank, *World Development Report*: *Agriculture for Development* (Washington, DC: World Bank, 2008). See also H. C. J. Godfray et al., 'Food Security: The Challenge of Feeding 9 Billion People', *Science*, 327 (Feb. 2010), pp. 812–18; and H. C. J. Godfray and T. Garnett, 'Food Security and Sustainable Intensification', *Philosophical Transactions of the Royal Society, Biological Sciences*, 369 (Feb. 2014).

[2] Godfray et al., 'Food Security', p. 816.

[3] See E. B. Barbier, 'Natural Capital', in D. Helm and C. Hepburn (eds), *Nature in the Balance*: *The Economics of Biodiversity* (Oxford: Oxford University Press, 2013), ch. 8.

[4] See Helm, *The Carbon Crunch*, ch. 4.

[5] UK wheat production in 2013 was 12 million tonnes. Biofuels will take 1 million tonnes, potentially rising to 2.5 million tonnes. For a list of the key plants and wheat consumption, see http://www.biofuelwatch.org.uk/uk- campaign/companies/.

[6] See T. Searchinger et al., 'Use of US Croplands for Biofuels Increases Greenhouse Gases through Emissions from Land- Use Change', *Science*, 319 (Feb. 2008), pp. 1238–40.

在供给端，除了将近50%已经用于农牧业的土地以外[1]，更多的土地可用于粮食生产。现在用于生产的土地可以生产更多的粮食，海洋也可以被农业化并得到更好的管理。在需求端，更多的人类可变成素食主义，发展中国家应当管控肉类消费，肉类可以被征税。通过这些手段反映环境变化的结果，即经济学家所称的外部性。但是需求规模太过巨大，以至于这些抵消因素可能到21世纪中叶也不能起作用。

试图翻倍生产粮食的负面影响将令生物多样性的维系疲惫不堪[2]。地球当前正处于一个具有高度生物多样性的地质时期，尽管有一些坎坷，但是已经从最后一次大规模的物种灭绝中恢复了一段时期。然而从全球层面来看，生物多样性在未来数百年或更短时间内将有一个明显的下降。

大量的生物多样性储备正在逐渐衰落。据称最具生物多样性的25个地区现在仅占地球陆地面积的1.4%，包括了植物全部物种的44%和四种主要脊椎动物类全部物种的35%[3]。在可预见的未来，这1.4%的大部分都将遭受威胁。这些地区的许多原生植被都已消失，剩下的大部分也正濒临灭绝[4]。千年生态系统评估提出了一个令人悲观的结论：地球正遭受毁坏[5]。同样地，世界自然基金会与伦敦动物学会合作，在其《地球生态报告2014》中指出，自1970年哺乳动物、鸟类、爬行动物、两栖动物和鱼类的种群数量已经平均

---

[1] See James Owen, 'Farming Claims Almost Half Earth's Land, New Maps Show', *National Geographic News*, 9 Dec. 2005, at http://news.nationalgeographic.com/news/2005/12/1209_051209_crops_map.html. In 1700 it was 7%. For individual country data see World Bank, 'Agricultural Land (% of Land Area)', at http://data.worldbank. org/indicator/AG.LND.AGRI.ZS. The numbers are sensitive to the treatment of ice- covered and mountainous lands.

[2] Roger Lovegrove's Silent Fields provides a depressing documentation of the destruction of Britain's wildlife through agriculture and the 'war on nature' since the Middle Ages. R. Lovegrove, *Silent Fields*: *The Long Decline of a Nation's Wildlife* (Oxford: Oxford University Press, 2007).

[3] N. Myers et al., 'Biodiversity Hotspots for Conservation Priorities', *Nature*, 403 (Feb.2000), pp. 853–8.

[4] It is argued that the rate of rainforest depletion from logging is slowing down – a green transition analogous to the demographic transition. Yet destruction is not confined to logging. There are lots of more subtle impacts on biodiversity.

[5] Millennium Ecosystem Assessment, *Ecosystems and Human Well- Being*: *A Synthesis* (Washington, DC: Island Press, 2005).

减少了52%①。不难看出这一切的发展方向。威尔逊的猜想，到21世纪末，世界的生物多样性将减少一半，并非不可置信。如他所说，我们正处在"地质历史上最大的生物灭绝的中期"②。6.6亿年前的最后一次生物灭绝，地球几乎用了数亿年时间来恢复生物多样性。这就是为何现在的生物多样性损伤几乎没有修复的可能，从人类的角度看这是不可逆转的。

在这些生物最具多样化的地区，热带雨林尤其容易受到伤害。生物作物已经消耗了太多的土地，伐木也正在付出自身的代价。道路修建、人类聚居区和经济发展的初级阶段破坏了这些地方复杂的生态系统。尽管人类经常有意无意地通过将物种在地区间迁移的方式增加生物多样性，但是物种灭绝和种群数量减少表明通过外来物种迁移生物多样性的全球化并未惠及全体③。一些新物种的引进可能是灾难性的，比如褐鼠乘船到岛上的例子，灭绝了岛上的海鸟。一个更为区域化的物种引进错误案例是苏格兰西北部海岸外赫布里底群岛的刺猬。当地居民认为刺猬能够妥善治理花园里的蜗牛，被引进的刺猬非常适应他们的新栖息地，结果他们吃掉了许多水禽和地面筑巢的海鸟蛋④。

测量生物多样性的丧失有许多种方法。在总数层面上，全球物种的减少和热带雨林类主要栖息地的损毁，为这一问题提供了粗略的测量方法。栖息地面积和物种数目之间存在着关联。栖息地的减少在一定程度上造成了物种的减少。这是一条下坡路，在某些情况下可能也是加速问题恶化的路径。在更为聚焦的层面上，有许多关于物种的研究都认识到物种的减少，从大西洋的三文鱼、苏格兰野猫、中国熊猫，到欧洲猞猁和亚洲虎。其中也不乏一些挽救物种的成功案例，例如游隼的回归，对犀牛的保护和狼群重归自然。许

① WWF, *Living Planet Report 2014*: *Species and Spaces, People and Places*, ed. R. McLellan et al. (Gland: WWF, Sept. 2014).

② E. O. Wilson, *The Diversity of Life* (Cambridge, MA: Harvard University Press, 1992), p. 268.

③ See C. D. Thomas, 'Local Diversity Stays about the Same, Regional Diversity Increases, and Global Diversity Declines', *PNAS*, 110:48 (26 Nov 2013), pp. 19187–8.

④ See Uist Wader Project, 'All about Uist Hedgehogs', Factsheet 3, at www.snh.org.uk/pdfs/news/nw- uwp03.pdf.

多项目在缓解现有土地利用和政治利益的冲突方面面临重大挑战，例如美国国家野生动物联盟放归野外的工作，放野牛重归他们在蒙大拿大平原的自然栖息地[①]。

在每个片段中我们可以毫不惊讶地发现，生物多样性的丧失通常表现为野外大型哺乳类动物、鱼类和鸟类的消失。这已经是非常严重的问题。孕育植物生长的土壤复杂生态系统，也同样遭到了破坏。在食物链的底端，化学物质在现代农业的大量应用并不是一个好消息。单一植物的高产需要大量的化肥投入，同时单一物种栽培很容易引起病虫害，因此需要更多的杀虫剂和除草剂。现代农业企图杀灭所有作物以外的竞争物种。这是一场抵抗自然、以单种种植取而代之的消耗战，农药产业正在取得胜利的途中。其他的土地是否将被扩散，还尚未可知。

现代马尔萨斯主义者

不难预期，21世纪的我们如果继续按照过去的经济增长方式发展，环境将迎来怎样灰暗的前景。结论是悲观主义者胜出。过量的人口和过量的消费导致气候改变，同时食物供应不足，生物多样性下降，这些都是不可持续发展的表现。土地已经不能承受如此多的消费和随之带来的污染。如果经济增长方式没有从形式和内容上发生重大改变，他们认为环境的倒退将阻碍预设的经济增长。环保主义者认为应当使经济退出高速增长通道，尽全力控制人口数量增长，并鼓励人们成为素食主义者。

简而言之，这些争论可能是正确的。复合的经济增长可能导致需求指数型上升，这不能与现有的供给相匹配。需求指数型增长以及最佳计算供给增长都必将会导致马尔萨斯假设中谈到的结果。最终我们将会偏离正轨，即使人口数目最终稳定下来。但是最要命的就是"最终"这个词。这样的结果虽

---

① See 'Restoring Bison to the American West' on the National Wildlife Federation website at http://www.nwf.org/What- We- Do/Protect- Wildlife/Bison- Restoration.aspx.

然听起来让人害怕，但是我们没有理由认为环境很快会对经济增长产生负效应，尤其是21世纪的传统经济增长方式的效应尚未完全释放出来。经济增长可能最终会随着环境的恶化而受到制约，但这在生物多样性大幅丧失和气候变暖超过2℃之前，不太可能发生。事实如此，我们应当清醒。

一些人看待这一问题的方式可能更为直接。他们看到的是灾难决定论：一个资源有限的星球被贪婪的人类给玩完了。在短期内，这是更具哲理性的马尔萨斯版本。随着需求的不断上升，一定会出现供不应求的现象，而令人恐惧的危机很快将会爆发。但他们是错误的，失败之处在于当涉及人类该如何应对时，错误的认知蒙蔽了他们的双眼。

理解新马尔萨斯假设中的争论是非常重要的。对于托马斯·马尔萨斯，土地是既定的生产要素，即使按照最乐观的预期农业能够持续上升，人口规模也会受到限制，因为够吃的粮食只有这么多[1]。地球人口数量增长也将受到瘟疫、疾病和战争的制约，人类历史上总是如此。

许多现代马尔萨斯主义者仍然执着地研究人口，但他们也加入了矿物和化石燃料等现代经济发展支柱的研究[2]。他们认为这些资源已将耗尽从而带来经济发展的停滞，因此石油和其他商品的价格都在飙升。这一即将应验的决定论的著名案例是环境学的经典预言，即罗马俱乐部1972年的报告《增长极限》[3]。书中研究了已知的现有资源并估计了剩余存量，这些资源都是不

---

[1] T. Malthus, *Essay on the Principle of Population* (1798). There are many interpretations of what Malthus's position was, and it changed substantially in the second edition. For a recent reinterpretation, see R. J. Mayhew, *Malthus*: *The Life and Legacies of an Untimely Prophet* (Cambridge, MA: Harvard University Press, 2014).

[2] The environmental pessimists have always worried about population numbers. Back in the late 1960s and early 1970s – when the global population was little more than half the current levels – it was fashionable in environmental circles to put population growth as the number one problem. Garrett Hardin's 'The Tragedy of the Commons', for example, was primarily an argument about family size and population. He described the population problem as a member of the class of 'no technical solutions problems', which needed to be forcibly limited. G. Hardin, 'The Tragedy of the Commons', *Science*, 162 (1968), pp. 1243–8. The British naturalist Sir David Attenborough has recently added his voice to the 'too many people' cause.

[3] D. H. Meadows et al., *The Limits to Growth*: *A Report for the Club of Rome's Project on the Predicament of Mankind* (New York: Universe Books, 1972).

可再生的，我们应当牢记他们只能被消耗一次。自然可能已经给予我们随意使用资源的地理时期，但这样的时代一去不返。一旦自然资源被消耗则无法补充。这份报告结合现有需求做出了推论（对于他们来说，主要基于人口增长所带来的需求增长）。固定的资源供给和持续的需求增长意味着需求将超过供给，这只是一个时间问题。

警钟长鸣。保罗·埃尔利希（Paul Ehrlich）在他的畅销书《人口爆炸》中警告大规模的饥荒即将在20世纪七八十年代到来，"地球能够供养全人类的战争以失败告终。"[①]由爱德华·戈德史密斯（Edward Goldsmith）等人撰写并刊登于1972年《生态学人》的《生存蓝图》一文中提出了一种激进的模式，即倒退回前工业时代的社会结构以避免"人类社会的崩塌和地球生物供养系统不可逆转的瓦解"[②]。罗马俱乐部的这份报告只是众多灾难警告中的一份，并且受到了众多顶尖科学家和环保主义者的支持。这些可怕的警告出现在1992年的联合国环境与发展大会上，也称为"里约峰会"或"地球峰会"[③]。

像众多预测世界末日的宗教团体一样，末日论者只是把大灾难的日期搞错了。他们预言的大灾难只是相对推迟了。如果他们是对的，我们将被迫在上述经济腾飞和消费增长之前改变发展方式。我们对自然环境的破坏必须停止，因为地球不再能养活更多的人口，经济发展也不能单纯以消耗资源为强劲动力。在马尔萨斯发出恐怖警告之后200多年，他的灵魂将绝地反击。这个论断如果正确，它将成为游戏规则的改变者。

近年来，石油即将耗尽的观点一直是关注的焦点，一种罗马俱乐部式的分析模式提出了对这个问题的看法。石油峰值理论是许多针对有限资源理论

---

① Prologue, in P. R. Ehrlich, *The Population Bomb*: *Population Control or Race to Oblivion?* (New York: Ballantine Books, 1968).

② Preface, in E. Goldsmith et al., 'A Blueprint for Survival', *The Ecologist*, 2:1 (Jan. 1972).

③ The summit did have some concrete outcomes, not least the UN Framework Convention on Climate Change and the UN Convention on Biological Diversity.

的变体——它反映在无数的"石油耗尽"激烈言论中①。其核心理论非常简单，石油、天然气和煤炭资源在地球的存量有限，如果我们持续开发利用，它们将会被消耗殆尽。这个命题本身是毋庸置疑的。但是石油峰值理论家接下来的补充则是充满争议的。他们认为我们实际上即将耗尽全部石油存量，而且会很快耗尽。面对消耗加速的存量急速下降趋势，石油价格将会很快上升并且非常不稳定。阿拉伯人将会借机提升市场议价能力，资源战争也将会爆发。我们在不久的将来也不得不改变我们的生产方式。

尽管21世纪的环境趋势可能是不利的，被消耗掉的自然资源也不可能迅速恢复，但是资源被完全耗尽却可能还需要很多年。许多恶劣的后果要到几十年后才会真正显现，这有两点原因：其一，事实上，地球上仍剩余大量自然资源，可能远远超出我们悲观的预期；其二，技术进步可能改变资源消耗方式。尽管罗马俱乐部报告是一本忠诚的环保主义者必读的畅销书，但是作者没有真正理解价格机制和技术进步如何缓解资源制约。在他们的决定论世界中，不审则判的骰子已被掷出。在这种假设下，答案不言而喻②。

大量非可再生资源的遗留

对于末日论者，他们的尴尬在于在20世纪的最后二十年，关于自然资源的新主题是资源丰富论，而非稀缺论。事实证明，中国每年10%左右的增长率可能保持二十五年，并一跃成为世界第二大经济体，所吞噬的资源量之大前所未有。然而完成这一转变后，许多核心资源存量仍高于罗马报告出版时的水平。

供给提高在很大程度上是因为价格。在石油的例子中，在《罗马俱乐

---

① D. Helm, 'Peak Oil and Energy Policy: A Critique', *Oxford Review of Economic Policy*, 27:1 (2011).

② The 'end of resources' argument took on a personal dimension when economist Julian Simon challenged Paul Ehrlich to a bet in 1980. He bet Ehrlich that the price of five chosen commodities would decrease over the next decade. Ehrlich lost comprehensively.

部报告》发表后，石油价格立刻翻倍，之后很快又不断翻倍。尽管这让作者们很得意，这毕竟同他们所预测的一样，但是他们并没有考虑到市场反应。更高的价格减少需求，使得投资趋向于提升能源效率，也使得新存量的开发变得更加有利可图。结果是一个新的领域被打开，尤其是海上石油和天然气。这些资源自20世纪80年代价格暴跌，并在之后的二十年内一直保持较低水平。低价格刺激需求并减少有效的刺激政策，价格重新上升。它们的价格上升一直持续到21世纪第一个十年，寻找新能源储备的激励不断增长。地球上大量的能源储备被发现，从海上以色列到非洲海岸、巴西、北极和西伯利亚。价格、供给和需求的巨型游戏开始上演。

这些被发现的新储量打破了能源封锁。然而与其他真正反对石油峰值论的主张相比他们不值一提。马尔萨斯、罗马俱乐部和他们的追随者从来没有对资源稀缺理论造成足够的影响。能源价格的上涨不仅使得探测新的能源储备变得更有价值，还激励了研发与创新。化石燃料方面的四个重大创新接踵而至：水力压裂法开辟了巨大的新储量，能够从现有的矿口开采出更多的燃料，远远超出现有的最大值的50%；深水技术使得海底平台作业成为可能，因此人类能够开采更具挑战地区的能源，例如北极地区（该地区可能藏有世界总储量1/4的石油和天然气）；天然气和煤炭液化技术使化石燃料之间具有可替代性，这尤其意味着巨大的煤炭储量能潜在填补石油储量的缺口，虽然这项技术的突然出现看起来似乎有些不大可能。

的确，拥有如此巨大的财富，可以想象出一个北美能源几乎能实现独立的时代，不再需要沙特阿拉伯和其他中东国家供应。与悲观主义者的怀疑相反，正是市场起了作用。这些悲观主义者认为石油峰值（或是天然气峰值）需要通过减缓经济增长并注重使用低碳能源来获得环境的拯救，现在大失所望。地球上有足够的石油、天然气和煤炭储量可供长期使用。

对于化石燃料或其他种类的不可再生能源而言，并没有迫切需要解决的能源短缺。即使所有关于化石燃料的预言被证明是正确的，我们仍然有其他的方式来发电。太阳能在一定条件下被认为具有无限供应的潜能。一旦光谱被打开，石墨烯等新材料开始发挥他们的作用，另一场能源革命将会被引发。此外，还有丰富的地热与核能。化石燃料很有可能会被弃置，取而代之的是更多更为经济的替代品。能源短缺和经济增长所带来的环境恶果将不再是阻碍21世纪经济发展的因素。相反地，我们有理由相信不可再生能源可以使用更长时间。

对于罗马俱乐部和其他预言世界末日的悲观主义者的失败还有另一种解读：当他们不能证实自己的论断，公众开始对他们产生怀疑。气候变化的例子正是如此。不断重复各种极端天气归咎于气候变化，以及洪水、热浪等极端天气的预警，已经导致了公众对于这一问题的冷漠态度，因为生活终归还要继续。

技术进步增加了另外一种观念扭曲，且很容易被忽略。这是经济的普遍特征。技术进步使得20世纪的经济以人类历史上未曾出现过的速度发展，这一切建立在18至19世纪现代科学技术的出现。并非如预测世界末日并坐等其来临一般简单，这是一个更为复杂的理论：如果忽略了经济学微积分中的自然资本，经济增长速度将慢于他本应达到的水平。过度使用不可再生资源并超出其能够自动恢复的阈值，则更像是一项严重的经济损失。这听起来不具冲突性、启发性和戏剧性，但这正是我们所面临的逐渐显现的事实。

真正的关注点：可再生能源的枯竭

石油、天然气等不可再生的自然资本将能够使用更长时间，但是这些资源的耗尽可能并不是很严重的问题。他们确实存量有限，至少理论上是这样，这就意味着谁从这些能源中获利是一个大问题。更重要也更令人担心的是，可再生自然资本以及大自然持续免费提供的服务。如果这些资源被消耗到其无法自然恢复的水平，影响到了经济可持续增长，那问题就更为严重了。

许多可再生资源被认为不会被消耗到不能自然恢复的程度。不可再生能源无论如何都会有所剩余。但与之不同的是，可再生能源的整个生态系统正在被驱赶到不可持续使用的边缘——即达到它们在合理的期限内不能自我恢复的临界值。这是一种永久性的、不可逆转的损伤。

在地质时期中，有五个主要的灭绝时期，使得全部动植物都趋于灭亡[①]。众所周知，这花费了数百万年才得以恢复。我们现在正在进行一次对比试验——第六次大毁灭——而且实验进行的速度快得令人难以置信。回想20世纪20年代经济和人口的快速增长，21世纪消费需求的快速增长。对于之前发生过的五次灭绝而言，几百年可以说是微不足道。

生物多样性不是均匀分布的。热带雨林是其主要的储藏之地，且已经存续数百万年。然而没有哪种生态系统是永恒的。但是生态系统改变的过程是漫长的，足以使动植物能够进化。达尔文的观点是物种在面对环境的改变和竞争时发生进化。的确，在足够长的时期内发生的气候变化，可能是物种形成的主要原因。加拉帕格斯雀花了很长时间变成土著，并显著区别于其他在岛上发现的任何动物。对比今天雨林的命运，损耗率已经快了一个数量级。在21世纪接下来的几十年里，如果对热带雨林的消耗继续保持现在的水平，所剩的将是热带雨林的遗迹，尤其是热带雨林对自然的保存将一去不复返。

罗马俱乐部的鼓吹令一些环保主义者误入歧途。他们看错了矿产和石油燃料枯竭的真正路径，也把焦点集中在错误的资产上。在罗马俱乐部发布报告的近半个世纪以来，没有任何一项可怕的预警应验了。的确，当报告发布时，全球经济受新技术、苏联瓦解与中国兴起的驱动，正处于20世纪晚期高速发展的巅峰。

随之而来的结论，对力图保护自然环境，具有深刻意义。与其自负地等待不可自生资源的消耗对经济的限制，不如去寻找到一条经济的可持续发展

---

① For an accessible discussion of the five great extinction events, see A. Hallam and P. B. Wignall, *Mass Extinctions and the Aftermath* (Oxford: Oxford University Press, 1997); and A. Hallam, *Catastrophes and Lesser Calamities: The Causes of Mass Extinctions* (Oxford: Oxford University Press, 2005).

道路。到目前为止，对于环境的破坏已经相当严重，而过去经济发展模式所带来的更大破坏也即将来临。如果我们不改变现有的经济增长方式，这可能就发生在不久的将来。这意味着环境治理不仅仅是对经济活动的约束，更是经济领域不可或缺的一个重要组成部分。这是本书的出发点，也是这本书的目的和中心主题，即找出经济较为合理的可持续增长模式，以及自然资本在其中的作用。

第二章　持续的经济增长

考虑到环境压力，经济增长还可能发生吗？是否应该尝试构建一个零增长社会来大幅缓解可再生能源的压力呢？人们很可能认为零增长是解决经济快速发展时期产生的资源与环境问题的唯一途径。

经济增长有可能被控制为零，但是后果却不堪设想：在零增长社会中人口的不断增长会导致生活质量的下降。但考虑到目前收入和财富存在分配不公，重新分配税的快速增长会削减富人的过度消费。如果素食主义被广泛接受，那么食物供应不足问题可以得到缓解。这样一来对能源的需求将会锐减并趋于合理。循环使用水和材料，限制出行尤其是限制航空出行，更多采用步行、骑行和公共交通工具，同时鼓励人们在本国度假而非出国都会减少环境问题。

"零增长经济"看似可行但却脱离实际。诚然，"零增长经济"是一种社会、经济与政治模式，但与大部分乌托邦社会相似，它有两个致命缺陷：首先，这并不是一种理想的状态；其次，这种社会理想根本不可能实现。零增长经济是一种过于理想化的状态，或者更直白地讲，它忽略了自然规律。它并不像其支持者所想的那样，因为这种社会在限制自由、冒险的同时也减少了社会个体的选择机会。与零增长社会不同，鼓励环保行为、给自然定价都有助于保护环境。经济增长并非症结所在，非可持续的增长方式才是问题关键。

那么该如何定义可持续增长路径？可持续性是众多术语中较容易被大众理解和接受的一个，但这一概念仍然存在问题。可持续性很可能由于缺乏指导经济增长与发展的实际意义而沦为一纸空谈。其次，可持续性是一个大而化之的概念，这种模糊性有很多优势，例如可以聚集起所有支持者并为非政府组织、营利组织和政治党派活动提供理论基础。但是这一概念同时也助长了很多公司的"漂绿"①行为：以"环保"的名义向公众宣传活动和产品。

这一空洞的理论需要被精准化，因此对绿色资本进行明确定义是非常重要的。只有在明确了目标、测定了资产和影响以及锁定政策和激励方法的情况下，绿色资本才可归入主流经济之中。同时由于不同人群对可持续性有不同的理解，所以对可持续性进行定义显得更为重要。

可持续性这个概念包含两个核心问题。第一，如何将子孙后代纳入定义体系；第二，如何权衡自然资源与人造资源，或者说大自然能够在多大程度上代替城市、工厂和高速公路。想要回答这两个问题，就需要把环保运动分为"深绿色"与"浅绿色"、"教条主义"与"现实主义"，区分可持续性的"强"与"弱"。总绿色资本的核心规则将成为我们之后所讨论概念的核心。

布伦特兰与南北争论

鉴于南北分裂以及发达国家对发展中国家义务的考虑，布伦特兰协议可持续发展的传统答案概括成一种模糊的概念。南北问题和经济发展所涉及的主要是对现有财富和资源的分配，事关全球公平。这包含在可持续发展的框架内，因为其核心问题是经济发展是否能够持续，从而欠发达国家能够追赶上发达国家，与此同时，将环境破坏限制在一定程度内。审视我们自身，我国以破坏环境为代价的增长能否持续到其足够发达的程度才开始修复环境？全球气候还能否支持到中国完全达到西方生活水平时再减少碳排放？这种环境破坏是否能够被修复？我们不得而知②。

---

① 漂绿（green wash）：意指一家企业宣称保护环境，实际上却反其道而行之，本质上是一种虚假的环保宣传。

② The Brundtland Commission – or the World Commission on Environment and Development (WCED) – was formally set up by the United Nations in 1984 and published its key report in 1987. WCED, 'Our Common Future: Report of the World Commission on Environment and Development', The Brundtland Report, United Nations, 1987.

布伦特兰报告之所以能够成为可持续发展的圣经，主要是因为其中定义很难被反驳：

可持续发展是指能够在满足当前需求的同时不威胁后代满足他们需求的能力。

虽然上述定义较少被引用，但这却是布兰特伦方法的核心。这一定义包含两个关键概念：第一，"需求"的概念，尤其是穷人的必要需求应当优先满足的思想；第二，科技与社会组织提出的限制的概念，即人类应当保持大自然能够满足人类现在以及未来需求的能力[①]。

可想而知这种理想化定义所具有的包容性，吸引了政客和非政府组织（NGO）采纳这种定义，就连联合国都乐于接受这种陈述。然而这种定义的包容性让它变得几乎毫无意义。上述定义要求我们以现在和未来都可持续的方式，同时关注现在的全球贫困与不平等的状况。这种定义方式盲目赋予当今穷人"压倒一切的优先权"，即对当前穷人利益的考虑可能会优先于未来几代人。只有模糊的雄心壮志远远不够。自然资本是未来的焦点，要取得显著进展，还需要在可持续概念的骨架上加上血肉与自然资本的思想。

对未来的考虑就要提及未来人们的权利与偏好，他们不能投票因此不能表达自己的偏好。可持续性含义中的一方面就是努力找到在现在选择中可以衡量他们偏好的最好方法。传统经济学家认为这个问题本质上是效率问题。他们假设现在的人与未来的人都是具有相同道德水平的不同消费者，问题就变成了如何在两者之间分配稀缺资源。两代人的不同之处在于他们的财富：如果经济可以持续以高于人口增长的速度发展，那么未来几代人会比我们更富有，正如现在的我们较之于我们之前的几代人。未来的人能够使用的科技是我们今天无法想象的，正如我们现在用的手机、互联网与相关的智能科技是我们父母那辈所不能想象的。因此，如果要追求我们与未来人之间的平等，与未来几代人相比我们要消费得更多。我们相对更贫穷，而他们更富有。

---

① WCED, 'Our Common Future', ch. 2.

后代之间的财富"交换货币"就是所假设的经济增长速度。如果以每年3%～4%的GDP增长，到2030年，消费将几乎是现在的两倍，因此现在应该提高消费，从未来借款，而那些幸运的后代应该而且应该能够承担由此产生的债务。这就是2007年前信贷紧缩所经历的现象，同时也解释了为何20世纪末繁荣产生了大量的公共债务与私人债务。其中心思想是，债务是几代人之间的合同，并通过较富裕的未来人获取更大的税收收入，支付清偿债务。

这看起来很直观，但至少存在三个问题。第一，为什么我们要认为未来人会与我们有同样的状态？第二，如果未来增长率没有被准确地计量或者没有增长，例如产生气候变化和物种多样性减少等无法量化的损失该怎么办？第三，当代人该做些什么来保证经济还需增长？第一个问题是关于如何比较我们与后代的消费和福利，我们是否并且能在多大程度上考虑到他们。第二个问题说的是不确定性和技术进步。最后一个问题考虑的是储蓄、投资和自然资本的保护。在这里我们只讨论前两个问题，第三个问题将在第四部分讨论。

未来的人

长期以来人们认为功利主义的含义是：最大程度追求幸福的正确方法是从个体角度出发，同时这些个体应被视为具有同等享受实用性的能力和资源的平等使用权。人是快乐机器，具有既定的偏好，生活即满足这些偏好——不对不同种类偏好的相对优势进行判断，除非他们侵犯他人去追求自身喜好的能力[1]。

---

① This is John Stuart Mill's utilitarianism, caveated by the paramount claims of individual liberty. He famously confused matters by setting out a conventional utilitarianism in 'Utilitarianism', 1861, having previously added in the constraint of liberty in *On Liberty* in 1859. Amartya Sen showed how the latter position is inconsistent with a utility-based Paretian approach to welfare economics in his seminal article 'The Impossibility of a Paretian Liberal', *Journal of Political Economy*, 78:1 (1970), pp. 152–7. See also his discussion in A. Sen, The Idea of Justice (London: Allen Lane, 2009), pp. 309–14.

对功利主义者，在考虑未来的人时，他们应该被平等地对待——他们是一样重要的幸福机器。我们不能给他们的效用较低的权重。正如弗兰克·拉姆齐的名言所说的那样，纯粹的时间贴现 "伦理上是站不住脚的"，那是 "想象力疲软"的结果①。尼古拉斯·斯特恩的论断是将伦理立场置于核心位置，他认为我们现在应该采取行动，否则就是不重视未来人的效用或是歧视他们。正如他在气候变化经济学综述中所说，"如果未来的一代人出席，我们假设它对我们的道德关注有相同要求。②"事实上，斯特恩对因气候变化所采取紧急经济措施的核心观点过度依赖于此道德判断。而且如果这一道德标准被否定，他的很多观点都会随之崩塌（然而，存在其他更引人注目的有关必要行动的观点）③。

考虑可持续性是一个具有诱惑性的道德基础，这一概念将未来作为主要考虑对象。它使保护环境经济学变得清晰，而且表面上来说非常有说服力。问题是这种道德方法仅仅是一种概念，他不能对正在发生的错误进行预警，甚至它本身也存在争议。简单地说，没有证据显示在实际中我们以相同的方式对待现在人和未来人，甚至是以相似的方式。实际上，正如布伦特兰指出的：我们甚至没有平等地对待当代人。

我们应当首先考虑人类的本性和人类实际的所作所为。虽然简单地从实际层面跳跃到道德——从"正在"到"应该"是不对的，但是很难争辩那些跳出人性藩篱的我们应该做什么。人们不愿意支持那些没有实际意义的政策，因而这样的政策无法取得成功。道德试图定义我们该怎样行动，但也应该在实际的范畴内。

就连对人类最原始的本能都可以让我们停下来想想平等对待未来人和我们，然而我们所担心的往往是此时此地。这就是我们的生活。我们把自己的

---

① F. Ramsay, 'A Mathematical Theory of Savings', *Economics Journal*, 38 (1928), pp. 543–59.

② N. Stern, *The Economics of Climate Change: The Stern Review* (Cambridge: Cambridge University Press, 2007), p. 35.

③ For both a critique of Stern and an alternative approach, see D. Helm, *The Carbon Crunch: How We're Getting Climate Change Wrong – and How to Fix It* (London: Yale University Press, 2013).

家庭、群体、部落、部族和民族看得比别人更重要。我们更重视本国和本地区的自然资源。我们往往是爱国的，争论着是否应该对其他国家和地区提供援助，并限制用本国和本地区财富的小部分提供援助。比较一下欧美国家与索马里或者卢旺达的社会保障开支，再比较一下欧洲国家流浪汉的待遇和数以百万叙利亚难民的待遇，或是想想关于移民的政治和公开辩论——这些例子说明移民和当地人民并没有被平等地对待。

不是我们不关心移民，而是我们没有像关心我们亲密的邻居和本地环境那样关心他们。我们的关心开始于家人和朋友，例如大部分人都会为子女倾尽所有。我们虽然也会为别人做一些事情，但是我们不会对全世界的人给予同等的对待。我们如果像拉姆齐与斯特恩要求的那样生活需要进行一次激进的改革，这将与人的本性产生冲突：按照他们的说法，我们需要使当代70亿人的财富与收入变成相同的，无论这些人生活在哪里，之后未来人口的财富和收入也要变成相同的。

从法国大革命到中国的"文化大革命"，很多乌托邦式革命都试图使那一代的财富和收入平均。即使在过去某个时间点，伦理社会主义都常常被当作合法化武力使用。因此，一些更极端的环保团体的宣言令人不安地、隐晦地传递出极权主义，就不那么让人惊讶了。关于社会如何建立秩序与制度，这些极端的环保团体有一个清晰的思路，并想将这种思想强行施加在其他人身上。

从长期的角度来看，人类只不过是地球上另一种转瞬即逝的物种。人类可能还会存在十万年，也有可能会像地球其他经历地质变迁的幸存者一样生存几百万年。如何平等对待每个时期的人的难点在于这个问题太宽泛了。他要求我们像考虑21世纪后期的人一样，考虑一千年、一万年、十万年、一百万年甚至十亿年以后的人。就连斯特恩本人也意识到这是不可行的，他用简单假设灭绝概率的方法做出了解释。但是，这是一种逃避方式，一个（对功利主义而言）更明智却不舒服的假设是，我们关心未来的人，但未来的人将越来越不这样做。

好消息是，我们对当下明显的自私偏见总体上可能不会对持续发展的实际事物产生影响，也不会影响人类对环境保护的关注。这是因为人类对环境的破坏程度已经大到足够影响未来几代人，所以即使我们只关注21世纪的经济和环境状况，也不会使得情况变得更糟。相反地，人类专注于现当代（当代和下一代）的环境状况，并将经济发展与环境保护结合起来，经济增长的可持续性反而可能得到极大的改善。总之，关注每一代人之间联系的可持续增长道路指的是一代人应当为下一代的经济与环境状况负责，而不是下几代。

在这个一代对一代的方法中，关键的问题是通过测算确定合适的经济增长率，而非确定折现率并进行细致的效用贴现。环境恶化问题如此严重，以至于影响到下一代的经济发展机会。这意味着我们在可持续发展方面，不应该过分关注拉姆齐和斯特恩乌托邦式的道德准则，而是更应该关注我们的下一代是否能从假定的经济增长中受益。大自然的破坏使得子孙后代前途稍显黯淡，我们可能还是要打折一点效用，但我们不能假设子孙后代的经济增长会使他们过上更好的日子，来消耗过多的现有资源。

不确定性和技术进步

下一代的经济前景将会是几种冲突因素相互平衡的结果。虽然我们下一代可能面临即将产生的物种灭绝、生物多样性减少、气候变暖等问题，但是那时的科技水平将更为先进。经济增长主要依靠科技进步，包括对新科技的大规模应用，其中很多是在19世纪末发明的：汽车、航空、电力、石油化工、化肥、新的药物如青霉素，以及后来的计算机和互联网。这些发现中煤和石油等能源使得生产能力得以扩大，紧接着，数据和信息的力量促使经济转型。

我们没有理由认为技术的进步将放缓，相反地，技术进步可能加速。新材料（如石墨烯），新的生产方式（如3D打印），以及较为发达的自动化方法（如机器人）可能会改变我们的世界。太阳能技术和电动汽车的发展可以结束人类对石油的巨大依赖。考虑到所有这些创新，这就是被埃里克·布吕诺尔夫松和安德鲁·麦卡菲所形容的"第二次机器革命"[①]。这份创新清单令人印象深刻，虽然内容繁多，但大部分空白将会在21世纪被填补。

这个部分的经济增长假设非常给力。我们不需要怀疑后代的技术条件是否会比我们好，他们一定会的。但是，这并不意味着他们必然更加富有，要知道，假设在一切照常情况下，保持21世纪3%～4%的增长速度不变，人们也会比原来富有16倍。后代的经济发展水平一定程度上取决于他们牺牲多少经济效益来补偿我们对自然环境的过度破坏。获得经济效益的代价可能是全球气温快速上升，亦或生物多样性的丧失。这可能引发资源战争，尤其是对水资源的争夺，还会引起大规模的迁徙和传染病的爆发。人类不应该只在亲身经历好莱坞大片中的灾难场景后才能认识到环境的破坏不仅仅是自然资源的减少那么简单。

新技术与自然资本减少的收益与损耗之间的平衡将是复杂而不确定的。在一开始就假定GDP能够以3%～4%的速度增长，并能在2100年实现全球GDP增长16倍甚至更多的目标，这太草率了。而且，作为经济总体概念的GDP还需要供养更多以及更老龄化的人口，虽然GDP总值可能上升，人均GDP却取决于人口数。人口贡献率和可持续增长率才能决定后代福利水平。

可替代性与可持续性

在考虑完折旧、技术进步以及我们应当如何对待子孙后代福利水平等问题之后，应当考虑的第二个问题应当是可替代性：哪些自然资本需要被维护？是全部自然资本还是只有其中的一部分？环保人士可能对此意见不一。对于一些激进的环保人士，他们的答案是所有的，即"强可持续性"观点；

---

① E. Brynjolfsson and A. McAfee, *The Second Machine Age*: *Work, Progress, and Prosperity in a Time of Brilliant Technologies* (New York: W. W. Norton, 2014).

而其他人的答案则是一些关键资产：他们选择了更加务实的所谓"弱可持续性"观点；还有很多种其他的观点处于中间立场①。

首先介绍强可持续性。强可持续性支持者内部也存在观点分歧。这其中的一些人站在哲学立场上：他们认为人类应当赋予其他动物权利，他们还认为大自然有其特殊的伦理价值，即自然不受人类的影响。而另外一些支持者则是神秘主义者：他们认为大自然有特殊的精神价值，而这种精神价值应该受到保护。浪漫主义运动在某种程度上体现了强可持续性的观点，他们认为人类越接近自然越纯洁，独立于自然则是某种意义上的堕落。法国著名思想家卢梭在《社会契约》中对自然的定义就采取了这种观点，许多文学、电影和艺术中"高贵的野蛮人"的例子也是出于这种观点②。与此同时，华兹华斯和梭罗也都认同可持续性观点。

虽然崇尚原始美德并认为文明的发展即堕落的过程这一观点得到广泛认可，但也并不是没有质疑者。英国政治家、哲学家托马斯·霍布斯认为自然状态不应仅仅是农牧繁荣。他在1965年发表了他的著名论点：原始的自然中没有艺术、文字、社会，更为糟糕的是，那里只有暴力死亡，以及持续的恐惧与威胁。一个人的一生孤独、贫穷、困苦、野蛮且短暂③。

正如基斯·托马斯在《人类与自然社会》中所述，人类的进步史很大程度上是人类征服并冲破大自然限制的历史，这种开疆拓土使人类从大自然的芸芸众生中脱颖而出。这也是达尔文的自然选择理论以及人类是猿类后代的观点如此令人震惊的原因之一：这些观点将人类重新纳入大自然当中，并立刻颠覆了上帝按照自己的样子创造出人类的信仰。就此开启了重新评估自然

---

① For a detailed exposition and critique of the differing versions of strong and weak sustainability see E. Neumayer, *Weak versus Strong Sustainability: Exploring the Limits of Two Opposing Paradigms* (Cheltenham: Edward Elgar, 2003). For a radical critique, see 'The Shaky Ground of Sustainable Development', in D. Worster, *The Wealth of Nature: Environmental History and the Ecological Imagination* (New York: Oxford University Press, 1993), ch. 12.

② J.- J. Rousseau, *The Social Contract, or Principles of Political Right* (1762).

③ T. Hobbes, *Leviathan or The Matter, Forme and Power of a Common Wealth Ecclesiasticall and Civil* (London, 1651).

地位的思潮，这种思想在大西洋两岸传播，并代替了托马斯的观点。一直以来，托马斯都认为抵制人类文明进步是一种不明智的观点，他还认为人类发展文明的手段是通过开垦森林，耕种土地并将荒原变成人类聚居地[①]。

强可持续性观点支持者至少还要分成个独立的阵营。第一派将道德价值赋予所有生命形式，由此证明自然具有与人类需求相独立的价值。自然被保护是因为自然本身的原因，就是说即使人类不存在，自然的价值也值得被保护。这种观点认为自然是不能被定价的，因为价格是仅适用于人类社会的价值度量。第二个强有力观点承认人类才是最终的关注对象，但是人类发展需要自然和自然环境。没有在自然中的体验，人类社会将失去根基。自然有其被支撑的审美和文化价值体系，这是有精神意义的[②]。第三种观点是前两种的变体，这种观点的支持者认为自然是经济的核心组成部分，经济保持增长的必要条件是自然资本受到保护。这种观点中，自然资本是生产的首要要素，劳动力和资本是第二位的，是从自然资本中衍生出来并独立于自然资本的，这两者特别而且必要，但并不能满足经济发展的全部需要。

第三种观点与古典经济学家相似，特别是马尔萨斯和约翰·斯图亚特·密尔。在18世纪和19世纪，对于这些思想家，土地是固定的生产要素，有限的土地决定了并限制了农业生产力。农业决定了养育多少人，因此也决定了人口数量。人口作为劳动力生产了许多有价值的产出，而资本也只是劳动的物化。固定的土地意味着经济增长受到自然条件的制约，这就是古典经济学中的静止状态。

马尔萨斯将这种限制理解为约束并得到许多强大的可持续性阵营的支持。解决有限的自然资本供应和人口几何级数增长之间的矛盾的一个有效手段是，在美国大陆腹地人口过度膨胀时，开发美国新的疆域以及殖民地。这

---

① K. Thomas, *Man and the Natural Environment: Changing Attitudes in England 1500–1800* (London: Penguin Books, 1984), p. 14.

② G. M. Trevelyan's 1931 Rickman Godlee Lecture, 'The Call and Claims of Natural Beauty', expresses this view, and it was one that informed the National Trust's outlook, to which he contributed significantly.

也意味着，殖民地的土著印第安人可以被忽略（或者说被清除）①，这一普遍论断获得帝国主义国家的一致推崇，具体表现在大英帝国的建立，德国在东欧搜寻新的"生存空间"，各帝国一次次忽略土著居民利益而确立其殖民地。勇敢的欧洲人在19～20世纪初移民到美国就是基于这种思维模式。

古典经济学家未能意识到，资本不仅仅包括劳动力。马尔萨斯的农业还依赖人和马力，辅以有机肥料。然而他没有预见到，伟大的农业革命带来了化肥和拖拉机，土地足以养育70亿人口。在爱尔兰的案例中，单一主导的农业经济成为了重要原因。农业也需要农用化学品治理马铃薯枯萎病。正如弗里德里希·恩格斯指出的，产生这一问题的原因在于科学的缺失②。

当我们用"环境"和"生态系统"来代替"土地"和"农业"时，很容易看出一个类似的论点是如何被引入环境保护话题的。经典论述包括巴巴拉·沃德和雷内·杜博斯合著的《只有一个地球》，卡森的《寂静的春天》，哈丁的《公地悲剧》，和埃利希的《人口爆炸》。这种对于环境的固定僵化的看法本身成为有限资源逐渐枯竭，未来将会出现资源短缺这一预测的有力佐证③。在这以后，与马尔萨斯对土地的讨论类似，罗马俱乐部关注矿产，石油顶峰派关注石油。他们中的大多数，尤其是哈丁和埃利希，认为人口最终将受限于固定的自然资源要素，在这个意义上他们是马尔萨斯的继承者。

强可持续性的问题在于，他除了空泛地提到"保护一切"外没有给出对人类行动的指导。强可持续性概念的本质是宣称自然资本应当被视为不可

---

① Malthus used the US example as evidence that population could double in 25 years if unchecked by agricultural constraints.

② See Antony Flew's 'Introduction' to Malthus's Essay on the Principle of Population – in particular p. 35. T. Malthus, *Essay on the Principle of Population*, ed. Anthony Flew (Harmondsworth: Pelican Books, 1970).

③ B. Ward and R. Dubos, *Only One Earth: The Care and Maintenance of a Small Planet* (W. W. Norton, 1972); R. Carson, Silent Spring (Boston: Houghton Mifflin, 1962); G. Hardin, 'The Tragedy of the Commons', *Science*, 162 (1968), pp. 1243–8; and P. R. Ehrlich, *The Population Bomb: Population Control or Race to Oblivion?* (New York: Ballantine Books, 1968).

替代的。因此，艾瑞克·诺伊迈尔认为强可持续性可以被称为"不可替代性的范式"[1]。强可持续性不区分资产类别，也没有意识到技术变革。强可持续性支持者没有意识到，虽然地球是唯一的（除非我们找到其他可居住行星），但是地球生产力是一个科学和技术的函数。跟马尔萨斯时代相比，我们现在拥有更多可以被开采的自然资源。地球可能是固定的，但其总产出却不是。人类的历史就是不断发现新的方法来扩大产量的过程[2]。

强可持续性也非常死板。强可持续性禁止破坏，因此他从根本上限制了很多现代经济行为。他规定了自然资本与其他生产要素之间的替代关系，也因此限制了几乎所有的经济发展。中国经济崛起的许多特征，从环境保护的角度来看都是不好的，但也并非一无是处。如果按照马尔萨斯无情的逻辑，中国穷人将永远停留在20世纪六七十年代饥荒以及"文化大革命"时期的状态。这种强可持续观点的支持者会不可避免地反对发展，并站在反对经济进步的前线。从这个意义上说，他们是原教旨主义者。他们过去反对核能，现在还要反对液压破碎和转基因（GM）作物等其他科学技术。但他们不愿承认的是，他们所构建的理想社会的生活水平远低于目前的情况，至少在发达国家是这样的。对于消费过高这点，很多持有截然相反的观点的人也都认同。但是这些强可持续性观点的支持者们认为不仅应当减少消费，还应当从根本上永久性地减少消费：我们需要"回归自然"，与原始的自然在一个"和谐"的状态下生活。

许多政治绿党在应对气候变化时想到应用风能、太阳能和当地生物质能源等工业化前应用的能源，这并不奇怪。英国绿党在2015年大选的宣言中反对核能、水力压裂等新能源，并支持工党中的左翼在倡导征收财富税的同时大幅提高最低工资水平。强可持续性反对经济增长。事实上，只有当控制人口数量保持不变的情况下他们才支持零增长，如果考虑人口正在增加，那么

① Neumayer, *Weak versus Strong Sustainability*.

② See F. Dikötter, *Mao's Great Famine: The History of China's Most Devastating Catastrophe, 1958–62* (London: Bloomsbury, 2010).

这种观点甚至支持经济负增长，正如哈丁、罗马俱乐部、埃尔利希和其他人所主张的。

相比之下，弱可持续性允许用一些人力资本代替自然资本。这一观点中，自然不是神圣不可侵犯的。他们认为，人类历史上创造人力资本来代替自然资本的过程并非一个彻头彻尾的错误，尽管这种替换可能稍显过度。在可持续性理论的这个实用形式中，弱可持续性可以被概括为以下观点：虽然三种类型的资本——人工创造的生产要素、人力资本和自然资本并不能完全相互替代，但他们之间存在一定的可替代性。弱可持续性中需要一些经验：一些替代会产生较小的危害，而另外一些甚至可以被避免。那么哪种替换可以被接受呢？为了解答这个问题，我们需要进一步区别可再生和不可再生能源。回想一下，并不是所有的自然资本都是相同的。可再生能源是不需要成本进行自我再生的能源。例如，鱼类通过繁殖修复捕猎造成的损耗，树木生长能够替换那些被砍伐的部分。相比之下，非可再生能源资产只能使用一次而不能再生，例如矿物及化石燃料。如果现在北海石油被用尽，那么一分一毫也不能留给子孙后代。

弱可持续性要求以不同的方法对待这两种资产。对于可再生资产，人类的任务是确保其损耗是有限的，能够保证不会因为其过量消耗无法维持供给进而影响人类生存并且能够继续免费地充分供应。除非情况特殊，人类不应随意跨越可再生转为不可再生资源的阈值。这一阈值通常是复杂且不确定的，因此人类应该提高风险预测水平，将人口尽量保持在阈值以下。实际的指标会在稍后讨论。

对于不可再生资源，人类面临的选择是：现在消耗还是以后消耗。如果选择现在消耗资源，那么应当留出足够的其他资源来弥补这一代所消耗的自然资源。当前一代需通过分享投资收益（经济租金的方式）以补偿下一代。这种代际分享是通过明确的基金或者只是有更多的人力资本把通过消耗资产所得的收入用于投资新工厂，或者更多的教育来实现的。例如北海石油收入可以留出一部分在独立财富基金，再如挪威相似的系统或用于创建其他资产。应该投资哪一部分补偿资产是至关重要的，特别是损耗是否应该用可再生资源资本补偿，还是任何形式的资本。

可再生能源概念的引入带有一个明确的可置换性暗示。可再生能源超过阈值时也会被耗尽，因此用其他任何形式的资本代替。不可再生资源完全可以代替。理论上，所需要的是确定阈值和专注于保持可再生数量高于这一水平，同时，创建以消耗不可再生资源所产生的代际基金，以确保利益在两代人之间的公平分配。

当把可再生自然资本的物理集合当作是一个物种时，上述规则就可以被理解。确保物种不灭绝非常重要，除非它们真的很讨厌。大多数物种数量都高于临界值，根据这一观点，这不是一个普遍问题。重点是濒危物种的特定子集。但是假设这个集合不是一个物种（或不只是一个物种），而是生态系统及其支撑的栖息地。假设在生态系统中，每一件事都相互依赖，那么就需要系统高于阈值。在这种情况下，虽然仍然需要保护物种不低于他们的特定临界值，但仅仅这样是不够的。现在的可持续发展需要更多——保护和提高生态系统和栖息地水平到足以维持相关物种数量的水平。弱可持续性突然变为更加严重和复杂的问题。

传统经济方法在这里就开始分解了。各种生产要素的概念，每个要素都要在生产的边际产出进行权衡，依赖于对这些边际变化的分析：多一点这个，少一点那个。系统是不同的：虽然他们可以在边缘修饰，但他们有自身的系统临界值。

考虑雨林的边际减少量。被减少的每公顷都留下了完好无损的绝大部分。边际损害最初接近于零。但对作为一个整体的系统的损害不为零：热带雨林是一个复杂的生态系统，其生物生产力取决于它的规模。这不是简单的面积积累，而是作为整体性的热带雨林。虽然热带雨林被砍伐后依然会有很多物种幸存，但生态系统将会崩溃。物种间复杂的关系会被破坏。正因如此，作为生态系统代表的栖息地，通常是保护的重点。泥炭沼泽、雨林、古老的松树林、高地、河口和珊瑚礁都是这样的例子。

许多环保人士认为，对这些栖息地的保护就是将人类和自然尽可能地分开到原始状态。人类对自然的影响应该降到最小。有趣的是，这是英国自然保护协会在二战后所做的事①。自然保护，字面上来说，是为自然保护，而不是人。有两种可能的理由：激进的想法认为，其他物种具有独立于人类利益的内在价值；实用观点认为，纯粹的自然应该被应用于科学以及对物种的保护。

很少有由于人类活动而形成的物种丰富的生态系统。例如，在英国，转型一直很激进。它曾经是一个茂密的森林岛，而现在大部分被用于城市和农业目的。主要的人造栖息地包括水草场，草场干草林和灌木篱墙，并且保护这些栖息地花费了很大精力。尤其是最近树篱的现象，这些封闭的地方在中世纪曾经是开放的系统，也已经被大规模替代了②。这种人为的环境普遍存在于整个欧洲，更远的甚至到了全球各地山区，如人类对落基山脉和阿尔卑斯山的影响是显著的。

人类经常通过清理森林景观来增加多样性，栖息地多样性是有价值的。如果有森林、岸边草地和山地放牧，而不仅仅是森林，更多的物种可以茁壮成长。对景观的管理：没有"纯野生"的了。即使在北极和南极，人类已经开始改变环境——从塑料和化学废物、空气污染和旅游、矿产开采和军事用途。如果大自然从现在开始不受人类影响，许多物种将随着人造栖息地的消失而深陷困境。

人类的出现使得可再生能源以其替代的挑战更加复杂。自然不能再保持其原有形态了。将景观还原到自然状态也只是人类出于管理目的做出的决定，如同决定是否将草地修剪成特定形状，是否应当在田野的边界地带为野花修建水库一样。原始自然的栖息地存在于一个整体被管理的景观。自然资源保护论者、农民和开发人员一样，都是自然管理者。

---

① See D. Stamp, *Nature Conservation in Britain* (London: Collins, 1974).

② For a history of the evolution of landownership, see A. Linklater, *Owning the Earth*: *The Transforming History of Land Ownership* (London: Bloomsbury, 2014).

　　人工干预的复杂性意味着生态系统必须要适应人类活动，否则将很可能走向灭亡。现在只有英国的一些地方还存在原始森林，这些遗迹仅存在于自然保护区和国家公园并受到特殊保护。在人类主导的生态系统中，新的栖息地正在逐步建立，例如城市中的自然景观，新建的公路、铁路旁的花园栖息地，多种物种在这里繁衍生息。高速公路边的高盐地带是适合海边的嗜盐植物生长，公路给食腐动物提供了丰富的食物。对于曾经的生态系统而言，这些可能是可怜的替代品，但如果管理得当，反而可以成为增加物种的栖息地。我们在保护自然环境的同时也参与创建了新的自然环境①。

　　未来的人能否获得更高的生活水平，在很大程度上取决于他们能否保持经济增长。这种增长将涉及一些自然资本的损失，自然资源和人工资源的替换仍将继续。关键是我们应当进行详细的实证分析来确定这种替换在何时何地发生能够不损害子孙后代的利益。为此，自然资本需要被准确地计量、测量和估值。必须强调的是，简单粗略的禁令无法解决这个问题，强可持续性理论的局限性使得他在制定指导政策上几乎没有实际用途。

　　未来人的利益多样，我们很难了解并且详细设计他们的未来，还不如通过足够的资产来满足他们的需求。布伦特兰定义认为，未来的人需要至少和我们一样好的资源，即使这些资产已经被人类开发并使用过。最重要的是当代人应当确定哪种资本资产是真正有用的，特别是那些在满足可持续发展条件中发挥特殊作用的自然资本。为了解决可代换性的作用和限制，我们需要一个规则或原则来支撑弱可持续，这即是总自然资本规则。

---

　　① Note the implication that natural capital is not strictly distinct from man- made capital. The critical definitional difference is the fact that nature itself has not been manufactured, even if the contexts within which it exists are. Within these contexts nature continues to be produced for free.

第三章　定义总体自然资本规则

虽然目前的经济增长不可持续，但是在不久的将来，人类会走上可持续发展的道路。自然资本和人造资本之间一定程度上的相互替代在任何时间、任何地点都是不可避免的，有时甚至是必须的。那么如何才能将这种替代性予以考虑，与此同时保护和改善自然资本？就现有的规则而言，强可持续性规则不具有可行性，而弱可持续性规则过于宽松了。

可持续发展的答案藏在一个看似简单的中央组织原则——总体自然资本规则当中。确立这一规则后，我们首先要考虑的问题是应当如何基于这一规则进行自然资本核算，如何确定计量和估值自然资本的方法，如何制定需要满足这种规则的政策。合理的总资本核算方法需要理论基础，而所有的这些理论都需要进行论证。特别是总资本原则以资产为基础而非侧重于消费，这使自然资本相较于其他资本，就下一代继承权和对于经济作为一个整体的工具性构件而言，具有特殊性。

以资产为基础的自然资本

经济学家用一种特殊的方法来考虑生产和消费。人类是需求"幸福感"的个体，他们努力通过消费一系列的商品和服务来使自己获得的效用最大化。这些商品和服务的生产需要投入资本和劳动等生产要素的组合。资本和劳动等生产要素本身没有内在价值，他们存在的意义是用于生产最终产品。相比于用来生产的生产要素，更重要的是生产出的商品和服务流。可持续的发展路径是什么？答案是一个随时间变化生产出最高的可持续效用或收入的消费路径①。自然资本这一概念是指流量而非存量，同时与下一代的利益密切相关。

以收入或者消费为基础的方法是大多数经济学处理市场和政府关系的重要手段。经济学家以微观个体为基础考虑市场干预，考虑能否在不伤害其他人的情况下增加至少一个人的效用，这就是对经济学家具有指导性的著名的"帕累托法则"，一种应对"市场失灵"的重要政策方法②。这一方法表面上只是一个简单的效率原则，但他实际上依赖于社会伦理。"帕累托法则"所涉及的不仅仅是提高以效用为衡量标准的福利水平和幸福感，还涉及社会成员所得分配问题。分配问题虽然是衍生问题，但也需要被单独解决。

对于这种方法，从自然资本角度至少有三个基本的问题需要考虑：第一，这一方法在描述可持续的增长路径时认为消费随时间保持不变，并假定大多数的消费是实物消费；第二，这一方法假定未来的偏好已知，因此需要补充关于未来的大量信息；第三，此方法并没有区分不同类别的信息。这些问题反映了潜在的伦理疑问：人们想要的到底是不是更高的消费水平，是不是每种消费都和其他的一样好。证明一种方法的合理性需要伦理和实践两方面的论证。

虽然布伦特兰提出的方法很模糊，但他至少为可持续发展的定义提供了一种直接参考。让我们重新审视一下，这一方法要求我们传给下一代一组至少和我们继承一样好的资产。这一方法没有谈及我们的幸福水平。你可能会疑问，为什么被强调的是资产而不是收入或者消费呢？一种解释是强调资产符合我们对继承一词的直觉。但是，保证下一代获得能够带给他们幸福生活

---

① This is Hicksian income. See Hicks's classic papers on income and social accounting in J. R. Hicks, *Wealth and Welfare*, vol. 1 of *Collected Essays in Economic Theory* (Oxford: Basil Blackwell, 1981).

② The Pareto principle states that any change should be made if it leaves at least one person better off, and no one worse off, in utility terms. When all these changes or trades have been made, an efficient optimum will have been reached. The first fundamental theorem of welfare economics connects this with a perfectly competitive general equilibrium.

的资产和保证他们真正获得幸福生活之间存在巨大差距。正是这种差距，使得社会中的个体可以自由地努力寻找适合自己的幸福道路。国家的公职人员权利受到限制，消除了社会个体在寻找个人价值的环境限制。孩子受到良好的教育，使得他们有能力自由地继承基础设施、知识、文化、制度和自然资本。让我们的孩子获得幸福生活是非常复杂的事情，我们给予他们的那些资产仅仅是幸福的必要条件而非充分条件。

这也反映在实践中。两代人之间存在一种非正式合约，下一代别无选择地继承上一代给他们留下的一切。正如我们从我们的祖先那得到的一样，我们的下一代从我们这儿得到房子、工厂、公路和下水道等基础设施，同时他们也得到了核废料、被污染的大气和被破坏的生物多样性。后代所遭受的很大程度上都是由于我们这一代没有对环境负责而造成的，这就是代际"连锁信"。

这种思维方式表明，相较于试图扳平代际的消费差距，我们这一代采取有节制的消费模式可能更为实际。我们也许想要给他们留下必要的资产以供消费，留下让他们能过上体面生活的资产。但是，我们留给后代的资产不应仅仅能保持经济按正常路径运行，还应使他们能够过上真正幸福的生活。无论他们是不是在我们留下的供他们挑选的房子里开心，也无论他们是不是真正享受辽阔的空间和旷野，可至少我们能够保证我们的后代得到这些我们认为有价值的东西。相反地，我们不应该给他们留下污染、废料和被破坏的生物多样性，不应留下呛人的雾霾之都、大量的核废料和恶臭的干枯河流。他们需要更好的自然资本。

以资产为基础的方法将会改变对人类对经济进行估值和比较的方式。国家会计将对总资产进行审计，而不仅仅关注经济增长率的升降。公路交通、供水系统、能源问题以及环境问题全部是关于资产的问题。这些问题同时也是基础设施建设方面的问题，回答这些问题需要一个不同于以往的经济估值方式。

在考虑代际平等时，布伦特兰切入点是对的，但是因为缺乏实用性而止步不前。需要补充的是，我们应当弄清哪一种资产比我们从上一代那里得到的更多，我们应该将其传承下去。这便是自然资本流行起来的原因。

关注诸如自然资木等特定的资产和资产类别至少有两点理由：第一点理由关乎伦理，不同类别资产的价值和他们为下一代的福利提供的可能性；第二点是一种工具性的理由，一些资产可能相比其他资产对于经济结构更为重要。

保护自然资本的伦理性理由

让我们从伦理性理由谈起。国家的福利集中于一小部分的商品，这些商品相对其他商品得到优先处理，这并不偶然。健康、住房、教育和电力是一些社会正常运行的必须模块。国家在考虑社会福利时不会将雪茄、快艇和大餐等同上述，置于同一优先级。即使相比热餐，一个穷人可能更喜欢一盒香烟，社会救济机构也不会提供免费的香烟。也许很难确定基础商品的边界，但其核心构成是受到广泛认同的。

提供社会基础商品所必需的资产可以被认为是联结代际的核心分配内容。这些资产包括学校、医院、水资源、能源、交通系统、法律秩序和国防。如果这些资产被破坏，那么可以说国家已经走向灭亡。例如被战争毁掉的叙利亚，伊拉克和阿富汗等国家，以及最被军政府等专政政权控制的缅甸和穆加贝的津巴布韦。甚至在运行正常的民主国家，也存在核心资产遭到破坏的情形，例如经常拉闸限电的巴基斯坦和印度，以及本应受到保护的新奥尔良防洪堤。

伦理性理由的支持者认为，作为对国家资源的第一顺序所有权者，下一代有权继承那些可以使他们获得体面生活所必需的基础资产。这符合约翰·洛克的《政府论（下篇）》[①]和约翰·罗尔斯的《正义论》中的社会契

---

① Locke published his *Two Treatises of Government* anonymously in 1690.

约理论，以及他所强调的以资源为基础的必需品[①]。阿马蒂亚·森的权力和能力的路径也展示了一些这样的特质，但是他强调，自由和选择需要独特、不同和要求更高的信息基础[②]。

这种以资产为基础的方法划分了哪一种资产类别应当在代际之间遗赠。那么自然资本是否属于那种让社会正常运转的必需品呢？有些人认为是的，并给出了理由。早在20世纪初期至中期，取用自然资源被认为是理所应当的：人类需要自然资源；自然资源往往是必不可少的；自然资源存量丰富而且大多是免费的。随着自然资源的不断消耗，限制变得至关重要，不能再简单假定自然资源是存量无限的。自然资源是美好生活的基本构建，而雪茄则不是。

英国的开放空间协会，作为平民保护协会的继承者和国家信托的先驱之一，在19世纪应运而生。这种社会层面的推动力量由伟大的改革者奥克塔维亚·希尔推动，其目的是为城市工人阶级提供开放空间，提高他们的健康水平和幸福感[③]。她时常思索近亲自然的生理和心理健康方面的问题。她的另外一个苦恼是宗教方面的：相比户外和自然带来的精神提升的体验，她更担心城市贫民窟滋生犯罪与恶行。早期的美国保护运动更集中于荒野的概念。约翰·缪尔的塞拉俱乐部及其保护的美国黄石国家公园正是符合这种精神。这更适合幅员辽阔的国家，尤其是进入21世纪的美国，相比之下工业化的英国就显得拥挤[④]。

二战后，欧洲在建设福利国家的过程中自然资本仍然作为概念框架的一

---

① J. Rawls, *A Theory of Justice* (Cambridge, MA: Harvard University Press, 1971).

② See A. Sen, *The Idea of Justice* (London: Allen Lane, 2009), pp. 231–5, and also his earlier work *Commodities and Capabilities* (Oxford: Oxford University Press, 1987).

③ For an account of the early history of the National Trust, see G. Murphy, *Founders of the National Trust* (London: Christopher Helm, 1987).

④ In the German case, urban spaces had their advocates, but the special geographical challenges of flooding and the wilderness of water and marshes drove, in the words of the title of David Blackbourn's study, the conquest of nature. See D. Blackbourn, *The Conquest of Nature: Water, Landscape and the Making of Modern Germany* (London: Pimlico, 2007).

部分，尽管此时自然资本以另一个名字存在。在这一过程中，除了像健康和教育这类事务成功立法，城乡规划和成立国家公园等也被写入国家法律①。随着18世纪40年代这些法案对社会产生突出效益，对自然环境的保护和改善成为一个国家的核心功能，也成为大多数发达国家作为一个社会的必需品。

　　到了现代社会，整个自然资产构成了社会基本构建的一部分。在更发达的国家，政府、信托和慈善机构等提供了保护区域和自然保护区，长途和小径，青年旅馆和运河，还有供人们休闲的树木，干净的城市空气，保护了正逐渐下降的生物多样性。大自然给我们提供了重要的心理上的福利，还提供了散步、跑步、骑车、钓鱼、射击和观鸟这些运动的空间，能让我们放松、冥想，在紧张的生活中寻得一处平和之境。很难想象没有自然资本，哪里能够获得健康生活②。保护自然资本产生的效益对于许多更贫困的国家可能没有那么夸张，但一些基本的保护行动也相对而言使他们获得较大的收益。

工具性理由：作为基本生产要素的自然资本

　　第二个使自然资本变得特殊，并且需要遗赠予下一代的理由是工具性的：自然资本的地位是在其他生产要素如人造资本、人力资本以及劳动之上的。其他资本均依赖于自然资本，自然资本不是仅仅是这么多要素中的普通一员，他是最主要的，而其他都是次要的。

　　为什么是这样呢？太多的环保主义者都认同地球只有一个，其他的一切都要依赖于他。人类仅仅只是一种动物，所作所为也依赖于自然的生产。人类自身的生存依赖于这套生态系统，是地球母亲、大地女神（Gaia）供养着我们。

---

　　①　Key legislation included the Town and Country Planning Act 1947, and the 1949 National Parks and Access to the Countryside Act.

　　②　A good survey of the health benefits of exposure to nature is provided in C. Maller et al., 'Healthy Nature Healthy People: "Contact with Nature" as an Upstream Health Promotion Intervention for Populations', *Health Promotion International*, 21:1 (2005).

在某种意义上，这显然是对的。到目前为止，人类离开了地球的大气圈便不能生存。事实上，人类得以生存是因为足够的植物通过光合作用给我们提供所需的氧气①。没有复杂的生态系统，大部分农业将会垮掉。生态系统和自然资本使地球成为一片乐土，而失去这些，毫不夸张地说，人类的生命将不能延续。

但是人类使用人造资本来取代自然已经有几千年历史了，到目前为止尚未产生灾难性后果。所有其他的生产要素都由自然衍生而来，所以是自然的具体化。这真的是正确的吗？人类对自然的改造是糟糕的吗？

让我们看看其他生产要素——人造资本、劳动和人力资本。工厂、房屋和公路代替了自然，以及随着经济的发展还会有更多的这种代替。例如，美国总统奥巴马在2014年推出"成长美国法案"的同时推出了"建设美国投资倡议"。这不仅仅是意向声明，而且确切承认未来的投资规模，无论这份计划会不会被实施；欧盟委员会制定了基础设施投资的优先事项，大部分的成员国有它们自己雄心勃勃的投资计划。中国对基础建设预算规模同样巨大，其中包括很多以"兆（mega）"为单位的输油管项目。

这些具体措施需要放在城市化进程中的巨大全球经济增长的背景中来看。已经有超过一半的人口住在城市中，到2030年将会有50亿的城市居民。与广受关注的超大城市相比，小城市经济增量更大，这些增长通过兼并周围的区域来实现。从某种程度上来说，有很多都是实体化了的自然资本，停机坪和砖块都源于大自然。他们使用不可再生的自然资本，并且由可再生资源来维护。建设者需要食物，所需的也最终都是自然产品本身。构想、理念和具体实施之间有一点儿不同，虽然大脑是生物性的，但是科学和技术被认为是不同的。

其他的所有要素都可以最终被认为是不同形态的自然资本。类似于卡尔·马克思所认为的所有的产品都源自于劳动，所以资本被认为是具体化了

① See 'Photosynthesis: Summoned by the Sun', in N. Lane, *Life Ascending*: *The Ten Great Inventions of Evolution* (London: Profile, 2010), ch. 3.

的劳动。但是由于马克思的劳动价值论，自然资本价值论将不会让我们走得太远，但也可能共享同样的诱惑而为极端的绿色思想提供基础。

人造资本一旦被创造便有了自己的生命，无论最初源于哪里。我们需要考虑如何最终从大自然得到各种要素（连同残余物与遗迹）。将所有种类资本与自然资本一概而论将会让我们无法识别下一代应当继承的资产。我们需要决定是否应该有更多的国家公园，更多的林区、公路和房屋，尤其要决定这些项目开发的方式。更糟糕的是，如果其他资本最终都是自然资本，所有的自然资本都需要被保护，为什么一种资源会比另一种更有价值？对于自然资本的保护来说，这种思想就失去了指导意义。

既然将作为生产要素的不同资产，分开进行考虑会更好，那么是否存在一种工具方面的理由，能让我们认为自然资本是特殊的，值得被重点保护呢？这里的关键在于不可再生资源和可再生之间的区别。不可再生资源并没有什么特殊的，只是要正确认识其重要性即可。相比之下可再生资源更特殊，不可再生资源只能被使用一次，而可再生资源不同：他们能够一直被使用，除非已经太过衰竭达到不可再生的程度。

可再生资源被破坏的程度令人担忧。环保问题已经不再是关于各处在失去几个物种或者是气温的一点点变化那么简单，而是慢性的灾难性灭绝事件，生物多样性大幅减少。物种的消亡并没有引起人类的担忧，人类多用后悔的情绪代替担忧，但是失去这个星球上的一半物种不是一个小问题。

保护自然资本的工具性理由是极其重要的。破坏可再生资源很容易，现在可再生自然资本作为一个整体已经低于最优的水平了。虽然目前直接破坏受到了相当大的限制，但是人类也应未雨绸缪。气候、淡水河与土壤等核心生态系统的状态已经相当恶化，这理应引起人们的关注。保护自然资本的费用随其变得日益稀缺而日渐上升，其根本原因是人类对资源的竞争性使用。伴随着人口增长，食物的需求也在增长，人类通过破坏性地开发自然资源来满足这种需求，例如滥伐自然雨林。一个世纪之前土地问题还没有像今天这样严峻。

总体规则

自然环境是一个十分复杂的生态系统，不能用边际理论来考虑，同时自然资源又具有稀缺性。人类该如何从这样的自然环境中持续获得资源来满足需求?强可持续性规则在理论和实践上均不可行。因此，上文中提到的替代将会持续发生。经济发展不可能停滞不前，对可再生自然资本的损害也将不会停止，尤其是在目前自然资源已经被破坏的情况下。制定自然资本和自然保护的政策需要从现实出发，而不是某种理想主义的乌托邦。而弱持续性规则像其名字所示的那样，太弱了。弱持续性规则允许我们损害自然资本，并同其他任何类型的资本进行权衡取舍。一旦允许破坏，就意味着不需要特别地保护自然资本。

在强持续性规则和弱持续性规则之间，存在一个可行的规则：可再生资源的总量保持不变，即对于每一点损害，都会有在别的可再生资源处有补偿性地增加，而不是增加资产的类别。总自然资本的量是保持不变的，但是它的结构会因为经济利益而改变。鉴于大量资源破坏，以及生物多样性急剧下降的事实，我们可以相当确信地假设，现在已经处于自然资本的最优水平。经济发展的可持续性也许可以通过保证下一代能够继承一大堆可再生自然资本得以实现，而不是仅仅把所有的资本加在一起，使得继承的总量至少一样。

另一个更严格的规则是包括了所有自然资本，尽管事实上不可再生资源只能被使用一次。那么这个规则应当这样表述，自然资本作为一个整体的总量保持不变，其中不可再生资源的消耗需要通过收取经济租金投资于其他形式的资本来加以补偿[①]。一个棘手的问题是补偿必须给可再生资源，还是给更广义上的资本。总之，不可再生资源是有价值的，无论代替是发生在可再

---

① The Hartwick–Solow rule in the economics literature refers to the depletion primarily of non-renewable natural capital, and requires the reinvestment of the economic rents from depletion. See J. M. Hartwick, 'Intergenerational Equity and the Investment of Rents from Exhaustible Resources', *American Economic Review*, 67 (Dec. 1977), pp. 972–4; and R. M. Solow, 'Intergenerational Equity and Exhaustible Resources', *Review of Economic Studies*, 41 (1974), pp. 29–46.

生资源还是更广义的资本上。补偿可以通过成立一支自然资本基金来实现，资金来源于为消耗不可再生资源而产生的经济租金。

存在两种类型的总自然资本规则：

①薄弱的总自然资本规则：可再生自然资本的总量应当至少保持不变，还需要一个因对不可再生资源的消耗而对广义资本的补偿。

②强势的总自然资本规则：可再生自然资本的总量应当至少保持不变，以及消耗不可再生自然资本而产生的经济租金应当被投资于可再生自然资本。

两种规则都与经济学弱可持续性的方法有根本的背离。这两种总规则之间最关键的差异在于，石油、天然气、煤矿和其他矿产消耗的剩余收益是否应当，或者以何种程度来投资于可再生资源的恢复上。如果这些收益被用于这个特别目的，那么资源环境恢复的范围和规模将会十分可观。

上述规则保持着开放的计量单位的选择。第二部分将会探讨自然资本核算、科学测量以及经济层面的问题。对于可再生资源，其中的一部分属于自然资源，临界值处于被突破的危险之中，例如我们将看到的栖息地，生态系统和物种水平。使可再生资源水平保持在临界值之上需要资本，这同样将在之后探讨。维持自然的完好需要成本，后文中谈到总体可再生资源的代替，也是关于替代的成本。而对于不可再生资源，由于没有可行的现实的替代，所以其消耗只能从经济方面加以度量。

向其他资产扩展规则

布鲁特兰的定义实际上不止针对自然资本，而是一个通用的总资产规则。他提到的可持续性包括所有的资产，不区分类别。他认为总资本存量不应当下降。在总资产规则和总自然资本规则这两者之间，能够找到对特别资产类别提供保护的规则。从自然资本的角度来看，其中最有趣的是基础设施。之所以有趣，是因为人造的基础设施系统的共同特点是，他们都对经济的正常运行具有工具性上的重要意义。它们对于社会基础商品的提供是必要的，因此也符合伦理的要求。有趣也因为它们都是系统性的，就好像生态系统一样。系统要么被供应，要么不被供应，因此不适用边际分析。因此在没有显著国家干预的情况下，不太可能达到最优的配备。

在这里并不适合仔细探讨能源、交通、水资源，以及通信系统应当如何保护和改善①。更为关键的问题是可再生自然资本也属于这一系统，可以被认为是核心基础设施的重要组成部分。可再生自然资源是一种特殊的资产，就好像电力系统的特殊作用一样。现代经济需要依赖持续高质量且可靠的电力供应，而自然资本也同样是维持经济良好运转的必要投入品。如果没有电力，下个世纪的经济增长将难以持续。同样，气候变暖和生物多样性的损失对于经济增长和人类来说都不是好消息。人造基础设施的总资本也需要保护和改善。

保持自然资本完整的想法并不新鲜，它暗含在通常的可持续性规则之中。并且大卫·皮尔斯等人早在1990年就提出了这一规则的雏形②。鉴于这些总规则约束中暗示的激进性质与现实的背离，有一些反对的声音就不足为奇。这些反对可以分为四大类：第一，概念框架定义不明确且有缺陷；第二，即使自然资本减少，地球也能照常运转，因此总规则意味着其他经济机会被放弃了；第三，这个规则使发展中国家处于不利地位；第四，这一规则不够有雄心，因为一些自然资本已经被过度消耗了。

对概念框架的挑战

概念上的反对是指，总规则概念不是必要的，甚至可持续性本身也是不

---

① See D. Helm, 'Infrastructure and Infrastructure Finance: The Role of the Government and the Private Sector in the Current World', *EIB Papers*, 15.2 (2010), pp. 8–27.

② D. Pearce, E. Barbier and A. Markandya, *Sustainable Development: Economics and Environment in the Third World* (Aldershot: Edward Elgar, 1990).

必要的。总规则不可能被实际操作。第一个反对观点是由莫里斯·斯科特提出的[①]。他认为，总规则概念不是必要的。相反地，人类应当更关注资本维持而不是折旧，以保证资本的经济价值能够得到维护。

至于为什么关注资本维护，斯科特的理由是微妙的。在核算框架和自然资本政策的设计方面，他的方法被证明是有重要意义的，但是他没有特别关注为什么任何资产自身是特殊的。他以英国乡村为例，认为乡村比曾覆盖那块土地的原始森林更有价值[②]。

威尔弗雷德·贝克曼的观点更进一步。他在略具挑衅性的著作《小即愚蠢》中表示，"完全不存在任何关于可持续性的特别要求；在福利优先的路径中，一段特定时间内的收入和消费可能会下降，但是在未来的时间跨度下，总福利水平无疑会更高。"[③]对人类来说，应该使随时间推移的总收入和总消费最大化。而对于在增长路径中任何一个特定的区间，给资产加上非减的限制没有任何可取性。对于这一观点，理论上，如果只关注收入和消费，那么贝克曼是正确的。但是收入和消费并不是所有重要的方面，有实践和工具性的理由预期，如果缺少任何一种资产总量的限制，那么增长路径的结果会非常不理想。

斯科特指出，总自然资本规则的皮尔斯版本没有一个可操作的定义。但是，我们的总规则即使不完全，但也是可以操作的。事实上，目前还没有明确列出每一个自然资产的资产负债表以及估值——每个自然资产是不相关的，因为它不是严格必须的。这样可能是好事儿，但是并没有降低对损失的补偿，以及阻碍识别哪些资产是有风险的。例如，鱼类无法完全搞清楚，但是相关的参数是大概知道的。热带雨林和其他的生物多样性热点地区是已知的，即使我们并不知道那里每一块具体有多少物种。

---

① M. Scott, 'What Sustains Economic Development?', in I. Goldin and L. A. Winters (eds), *The Economics of Sustainable Development* (Cambridge: Cambridge University Press, 1995).

② Scott, 'What Sustains Economic Development?', p. 87.

③ W. Beckerman, *Small Is Stupid*: *Blowing the Whistle on the Greens* (London: Duckworth, 1995).

有趣的不是存在不确定、不完备且需要被修正的知识，而是不确定性是地方性的，所以在操作化这个规则时需要把不确定性考虑进来。不仅仅存在物理和生物的现实以及生态系统的关系相关的不确定性，而且这种不确定性也同每种不同自然资本的价值相关。石油的价格上下波动，鲱鱼的价格也是如此。也许下一代的太阳能价格十分便宜，以至于石油都留在地下。也许也不会这样。类似地，也许某种特定的物种是最重要的，也或许不是。

这种考量中包括风险规避，尤其要考虑是否应当应用预警原则。当涉及可再生自然资本，有一些需要风险规避的理由，最主要的是由于不可逆性：如果可再生资源被消耗至不能再生的临界值之下，将会没有回头路，或者至少没有以低廉的非对称代价完成的补救。虽然濒危物种的种群数量已在某些情况下被保护回到能够自我维持的水平，但是生态系统的恢复通常是更困难的。例如古林地，顾名思义，是古老的：它们需要几个世纪来生长，一旦被砍伐，这种木材将不能通过重新种植很多的新树来代替。热带雨林是另一个例子。确实，树林能够再生，但是对于它们长成之前很长一段的时间状态来说却不是可再生的。

在很多情况下，临界值的精准大小是未知的。其结果也是不对称的，因而值得小心。生态系统几乎都是十分复杂的，平衡很多生物之间的关系，它们的复杂度让经济相形见绌。虽然经常有可能对一些特定物种的临界值有所掌握，但是很难知道何种程度的压力会使生态系统终结。我们所了解的东西还太少，对于热带雨林中物种的数量通常只是猜测，许多物种还有待发现，而一些物种在它们被发现之前都已经灭绝。许多物种可能提供对生态服务有着重要的巨大益处的化学特性，只是这些我们尚未知晓而已。这些选择权价值正是采取预防性措施成效的体现。生态系统可能会突然间支离破碎，所有的一切都走向错误，所有的机会都将消失。

面对更少的自然资本，我们能否应付下去

第二个对总自然资本规则的反对意见是，虽然一些自然资本是需要的，但是并不是所有存在的自然资本都对人类福利至关重要。随着时间的推移，从自然资本中获得的服务将会变得越来越有价值，因为它们会变得越来越稀少，这无论如何都会通过经济中的价格有所体现。同时，会有很多自然界的东西即使失去了，我们还能正常存活，例如，如果没有雪鹅或燕子每年归来繁殖，那些因它们归来而喜悦的观鸟者可能会感觉很糟糕。但是在事情的发展过程中，大多数的经济活动并不会改变，大多数的人们不会受到影响，以及很多的人甚至不知道雪鹅或燕子是什么。

想象一下，如果一半的农田鸟类消失了，但是农业产量因更精耕而增加了，大多数人将会有更多更便宜的食物，而一些观鸟者发现享受自己的乐趣却变得更困难了——虽然还会有鸟类，但当然现在变得更加稀缺而难以寻求。秃鹰和鹗是如此珍贵，因为它们是稀有的——而美洲知更鸟和欧洲斑鸠则没有那么稀有。大多数美国人不曾一次地想念一大群旅鸽出现在美国——也许在19世纪中叶它是世界上数量最多的鸟类，却在1914年灭绝了[1]。实际上，甚至只有一小部分人知道它们曾经是如此得普遍，以至于能够使天空变暗。在南非的克鲁格国家公园引入精耕的农业系统，在博茨瓦纳和塞伦盖蒂肯尼亚的奥卡万戈三角洲将会生产更大量的食物。正如在美国的大平原上，随着玉米和小麦的耕种，以及牛的牧养，将野牛的数量从大约2000万～3000万到1890年毁灭性地下降到了仅1000多头。角马和斑马的大迁徙将告一段落，但结果却是让更多人能吃上饭。

正在以惊人速度下降的生物多样性起始于一个很高的水平，高于这个星球的历史。也许人们会问，如果我们失去相当多的生物多样性是否很重要呢？从局部的角度来看，存在很多未被开发的土地，甚至在人口密度很大的

---

[1] E. Fuller, *The Passenger Pigeon* (Princeton: Princeton University Press, 2015).

欧洲，苏格兰高地很大程度上是空的。如果更多的部分能得到实在的、更加集约的耕作，不是仍然有很多未被开发的土地留下吗？

如果仅仅是关于一些个别物种和奇怪的寸土边际讨论，那么上述的论据将会有很大的力量。但实际上不是边际的，21世纪可能发生的是主要生态系统的破坏，并且存在后果很可怕的风险，这是马丁·韦茨曼在讨论气候变化所称的"厚尾问题"[①]，因大气中的温室气体浓度增加所导致未来气温增加多少，目前没有确切地被人们所知。如果一切照常，预测的范围可以从1℃升至超过6℃，我们应当以同一基准对待小概率发生的大灾难（6℃）和更大概率发生的更小幅度的情况吗？韦茨曼表示不应该，因为前者更加重要。他确实是对的。

从这一方面来说，生物多样性只是气候变化的一小类，尽管它更加复杂，人们对其的忽略也更多。对少数气体以全球尺度建模，要比对在特定位置、特定系统数量巨大的物种建模要简单得多。后者不确定性的幅度要大很多。厚尾是更令人担忧的，我们也许在没有特定可再生资产的情况下可以勉强度日，但是在总量减小的情况下却不行。

今天的穷人应当有优先权吗？

对总自然资本规则的第三点反对意见在环境政策讨论中有着最多的共鸣。在十亿人每人每天的生活费不到一美元的情况下，他们的现时福利应当优先于自然资本。有人认为，因为这条规则，中国的发展不应该被耽搁，以及非洲的快速增长也应当被允许遵循。中国人均碳排放量现在超过欧洲的事实，也是一个值得付出的代价。根据这个观点，环境是一种奢侈品，必须等到贫困问题得以解决才开始考虑。

---

① See M. L. Weitzman, 'Fat- Tailed Uncertainty in the Economics of Catastrophic Climate Change', Symposium on Fat Tails and the Economics of Climate Change, *Review of Environmental Economics and Policy*, 5:2 (Summer, 2011), pp. 275–92.

从穷人的角度来看，这是一个强大而且被广泛认同的论点，虽然还不够直接。自然资本是发展所需的财富的一种重要形式，如果土壤和栖息地没有被保护，农业也许不会繁荣。农药的应用也许在短期会增加产量，但是对于河流、供水和土壤也将会带来持续的危害。中国已经为它的空气污染付出了高昂的代价，如预期寿命的降低，供水系统因严重破坏而对健康有损，沙漠面积正在扩大，巨型的基础设施项目例如三峡大坝也有严重的负面结果[①]。

基于这些考量，如果总自然资本允许贬值，也许穷人会失去很多，但发展和自然资本之间的权衡并不像它看起来那样对立。一旦环境破坏能够被正确地度量，那么在总自然资本保护和贫穷之间的权衡利弊将会得到解决。

然而利弊权衡的消解并没有解决谁应当首当其冲承担起保护总自然资本的责任。这个引起了关于平等的疑问，如果贫困要通过不降低后人的机会来缓和，那么更发达的国家需要承担保护自然资产的责任。如果应用总可持续规则，目前的不平等，以及随着时间推移的不平等，都是要优先考虑的。

这是一个已经在关于减缓气候变化措施的讨论上提出的观点。根据京都协议书，国家被分为两组——发达国家和发展中国家——有着共同的但有所区别的责任。富裕的国家应当现在立即行动，而贫穷的国家应当发展，但是不必现在立即对排放予以上限。这个观点是直接的：富裕的国家在大气中排放了大部分碳，因此应当承担历史责任，并且它们能够支付起这个责任的最大份额，因为它们确实通过燃烧化石燃料而变得富裕。

对于自然资本和其历史消耗也可以采取类似的观点。实际上，气候仅仅是更广义的讨论中的一个特殊情形。富裕的国家已经破坏了它们的环境，用光了木材，开采了矿物，以及它们也通过贸易和殖民来剥夺贫穷国家的自然资源。对于消耗非自然资源仅付出很少的补偿，而随着整个生态系统和栖息

---

① See E. C. Economy, *The River Runs Black*: *The Environmental Challenge to China's Future* (Ithaca, NY: Cornell University Press, 2004).

地一直被破坏，可再生自然资本的临界值经常被突破。富裕国家既有责任，又有资源来行动，而贫穷的发展中国家两者都没有。因此，这种观点认为，让发展中国家用完它们的自然资产，就像发达国家曾经所做的那样，一直到它们已经足够富裕，有能力支付保护它们的费用。

这种观点的问题在于，它混合了两种独立的担忧，即富裕国家需要帮助贫困国家的义务和每个人保护自然资产的责任。此外，鉴于关键的自然资产，包括生物多样性热点地区、珍贵的生态系统及其栖息地主要都在贫困和发展中国家，"先发展后治理"策略的后果可能会十分糟糕。

问题在于全球并不能够等待到发展到所有的100亿人们都足够富裕，才可以认真对待自然环境——就好像大气不能承担由中国、东南亚国家、中东、北非、其余非洲国家和印度的经济发展而产生的所有碳排放，还仍然维持一个合理的气候状态。在对待环境的发生转型之前，不存在一条可以遵循的可持续发展路径。发达国家可以直接解决贫困问题，也可以给更贫困的国家资金援助，让它们不要破坏它们的自然环境。

在实践层面，有两种方法正在践行：有各种转移支付机制，例如联合国在发展中国家防止毁林和森林退化来降低排放的合作项目（UN REDD）[①]，资金援助给发展中国家以避免森林和其他栖息地的破坏；此外也有一些援助转移。但是，两者都远远不能够应对贫困或环境的挑战，因此，总自然资本规则在全球范围内没有被遵循，结果很难不悲观。

这个规则雄心足够吗？

第四个对总自然资本规则的反对，来自于一个完全不同的方面，它是说，这种规则没有显示出足够的限制力，雄心不足。它只是接受现状，并且阻止它变得更坏。然而许多自然资产已经被过度开发了；存在很多濒危的物

---

① See details at www.un- redd.org.

种。生物多样性下降的速度意味着，临界值正在被普遍突破，或者存在被突破的危险。根据此观点，可再生资源的质量是欠佳的。对于不可再生资源，很少或者没有制定经济租金的条例来让后人收益。这种观点认为，为了能够为后人做出补偿，重定降低目前消耗的基数是必须的。不是要将我们各种债券和债务传给下一代，而是目前这代人需要立即调整到一个更低的生活标准，这样总规则才能被采用。

有很多这样的批评，临界值不是最优的。例如，维持鱼类在临界值之内，与保持一种最优的数量是不一样的。临界值只是最后一道防线，但我们能做得更好。在此基础上，总规则应当是一种最小的限制，但是门阈应该更高些。下一代应该不只是得到一组相同的消耗过的资产，也应该有权得到一组更好的自然资产。

而后，将考虑最优的自然资产水平，目标也变为特定的资产。但是对此批评的实际反应是，从其本身来看，总自然资本规则还远没有被遵循，以至于这些限制应当立即被执行。如果结果发现，有可能超过预期——也就是说总量得以增加，那么结果将会有额外红利。目前屹立在我们面前的山峰已很难攀爬，而仔细思量整座山峰的收益，其雄心则更加宏大。

国际间和国家内的总自然资本规则

最后的总体问题是总自然资本规则所涉及的范围，它是一个全球的、国家的，还是局部的？它能否在每一个维度同时应用？具体地说，单方面地应用它是否合理，或者说它必须是一个集中于全球的生物多样性热点地区的全球性问题吗？

不同于气候变化问题，对自然资本的单方面行动是典型的附加性的。自家后院的生物多样性也在热带雨林的保护之侧。发展中国家也许会发现满足条件是困难的，但是这并不意味着发达国家不应该尝试。虽然气候变化与排放地点无关，但是很多自然资本都是在国家或者地区层面上与位置相关。不是所有的动物或植物依附着国家边境，但是所有的都最终依赖于全球的生态系统。很多自然资本都基本上是国家性的，以及很多也能在自家后院得以解决。遵循在此设定的总规则的全球问题不妨碍个别国家按此路径走下去，总自然资本规则在国家和地区层面是附加性的，而单方面的碳排放目标却不是如此。

然而，单方面的国家总资本规则需要将在一国之内的行动对国际上造成的影响纳入考虑之中。例如：如果英国从热带雨林的原木资源进口实木，这一事件须在英国自己国家的总规则中计量。无论国内还是国际层面，总规则应用于国家消费对国家资产的影响。几乎所有的贸易对环境都有所影响，而这些都应该被考虑在内。

总资本规则，甚至它的更弱式形式，也是激进的，即需要保持现存的资本量至少不损耗。作为可持续增长的条件，它使对经济增长的一种新的核算方式成为必然。这需要国家层面的资产负债表，以及明确的政策和条款来保持自然资本的存量。

想象这个世界将会变得如何不同，不是继续我们对可再生自然资本的破坏——砍伐雨林，继续通过现代农业技术来同大多数生物斗争，像对待下水道和垃圾堆一样对待我们的河流和海洋——这个星球应该以一种可持续的途径发展，并且会给我们满足所有那些其他后人需求的机会。我们的星球应当被正确地估价。

总自然资本规则相比一切经常项目并不极端，因为如果我们像现在这样继续，那么对后人来说，未来将很有可能会糟糕太多。漠视这条规则，气候会改变，生物多样性将损坏，淡水资源会退化，如果我们继续现在破坏性的发展路径，未来将会难以想象。

对于最坚定的环保主义者，总自然资本规则太弱了。但是他们的愿望很可能会变成一个反乌托邦的乌托邦——努力保护任何事，结果反而保护得很少。他们认为人类将会接受生活标准的极端下降，这是一种危险的错觉，并会使数十亿人回归马尔萨斯的噩梦。

对于那些拥有更倾向于实际的人们，任务直接得多——创造可持续发展的核算框架，识别可再生自然资本的临界值以及相关指标。超过临界值好处的经济价值对识别目标应该是什么有所帮助。尤其是应该关注由哪一种资产的改善来补偿那些已经被破坏了的，以及更进一步从目前的匮乏状态向前发展。这些都是关于核算计量和估值的话题，可增长路径的前景依赖于此，而不是像一些简单的童话故事那样，所有的全都要保护。

第四章　自然资本的会计计量

对于自然资本而言，可度量性是非常重要的，这也是为什么当人们谈及经济增长时，几乎所有政治和经济的论述都会提到国内生产总值（GDP）。GDP充斥着头条新闻，塑造着政治气候，同时也左右了企业主和大多数人对经济情况的认知。事实证明，自然资本乃至基础设施更容易被忽略的原因之一是GDP很大程度上忽略了两点：GDP不能测算可持续的增长，也没有告诉我们是否满足自然资本规则。

为了给政府提供一个框架，特别是要将自然资本纳入宏观经济决策，以便其考虑子孙后代的利益，把解决自然资本问题纳入相应的国民收入核算体系就必不可少。在微观经济层面，适当涵盖自然资本，以及在公司控制下，同时具备自然资本的风险和机遇的公司账目同样不可或缺。

建立账户并进行会计计量是非常重要的：没有适当的账目所产生的损害会长期存在，不可持续增长还将持续数年。适当的资产负债表能够告诉我们保持自然资本完整所缺少的要素，因此资产负债表是保持可持续增长路径的基准线。在建立账户和会计核算之前，我们需要了解现行的国民核算多大程度上扭曲了自然资本状况，并由此打破人类自然资源保护过度乐观的现状。

GDP核算及其不足

这一部分的出发点是找出国内生产总值核算的不足，探究目前GDP最大化的核算方式为什么使得自然资本逐年减少。从我们这一代留给下一代的债务以及过分追求国内生产总值所导致的经济危机当中就可略见一斑。国民经济核算关乎消费和借贷，而不仅仅是节约和储蓄，这关系到可持续发展和未来几代人。投资和消费对那些专注于国内生产总值的人而言仅仅是不同种类的支出。投资创造新的资产（包括新的自然资本）而消费却不会，这一事实很大程度上没有关系。用一种更好的经济核算方式取代国内生产总值需要更关注资产和资产负债表，而非收入和总需求，并且应当采用一种基于资产考虑的自然资本规则。这反过来又促使人们关注自然资产的资金维护，并将自然资本规则作为一种机制嵌入在国家和公司核算中。适当的国民经济核算方式将使人们重新审视现有的经济增长。一旦将非可再生能源的消耗（如北海石油和天然气，俄罗斯和美国的石油和天然气，以及中东庞大的资源）加上难以维护的可再生能源，以及不能合理维护其他基础设施纳入经济核算，并将这一切债务责任合并起来，人类过去的经济行为将被颠覆，而未来的经济活动也将与以往不同。

经济核算的方式从根本上决定了它的结果。关于经济核算，有以下几种合理的思考框架。通常的框架是探究以现金计算时经济总量是否增加，产出是否增多。在这种框架下，需要把经济活动中的所有产出加总，看经济总量是增加还是减小。这也是目前通行的核算方法，即所谓的国内生产总值（GDP），这一方法拆开来看，几个关键词分别是"总额"、"国内"和"产品"，之所以称为总额而非净额，是因为这种方法没有考虑任何资本消耗和折旧。"国内"意即忽略海外，"产品"意为关于生产①。

自然资本的投入也应当纳入总产品的核算当中。与人造资源和人力成本一样，自然资本意味着投入能够转化为最终产品，从而使得经济活动最终成果增加，因此也应当作为经济活动整体的一个部分加以计量。

然而在现有的经济活动核算框架之下，自然资本却未必被纳入考量，原因有三：第一，国内生产总值上升不需要自然资本上升。有可能生产资本足

---

① In theory, output should equal income, which should equal expenditure for the economy as a whole – what we earn is the same as what we spend, net of savings. Savings are translated into investment. Borrowing, debt, imports and exports and capital flow complicate matters, but the basic idea of a circularity between income, expenditure and production helps to explain why the discussion can switch between the three concepts. They are all flows, not stocks, and hence about current income rather than assets.

够多，大于自然资本，因此资本的总输入是上升的——即可持续性较弱的情况下的替代性。随着国内生产总值增长，这已经持续了几个世纪。其次是技术进步：一些经济学家将技术进步视为经济增长的外生因素，技术进步的推动即使没有输入（自然资本或其他），输出仍然可以上升。最后，即使总输入没有减少，国内生产总值也可能会下降。可能会出现一个大萧条，导致劳动力和工厂等资本投入被闲置。

从上面可以看出，国内生产总值与自然资本增长之间并不是紧密关联的。也就是说，尽管在GDP这一核算框架之下国内生产总值这一数值增加了，但总自然资本规则却没有得到满足。因此这一方法不能用来衡量可持续增长。

这一方法的弊端还不止于此。国内生产总值核算不仅忽略了资产方，而且鼓励建立负债，并将这些债务放到下一代人身上。要说明这一点就要从国民收入核算的发展历史谈起。

国民收入账户相对较新的这一事实可能会让你大吃一惊①。虽然在《末日审判书》中就曾多次出现尝试测量经济规模的说法，但是现代国民收入账户主要是由美国商务部和国家经济研究局提议，在第二次世界大战前由西蒙·库兹涅茨领导建立的。这一概念的提出是为了回答一系列关于如何管理宏观经济的问题，是凯恩斯在19世纪30年代经济萧条的情形下提议的宏观经济学方法的产物。

在此之前，政府核算的任务是平衡报表以满足君主和大臣的资金需求，并资助国家的活动：最主要的是战争，以及国家提供的有限的公共产品。

建立国民收入账户的目的是观察经济整体的当前现金收入和支出，以帮助说明总需求和总供给的平衡并保持商业周期正常。在凯恩斯主义中，总需求包括消费和投资，只要其总量足够高，其他就无关紧要。凯恩斯及其追随者认为，正是需求不足导致了19世纪30年代美国和英国的失业问题，国家的

---

① For a non- technical survey, see D. Coyle, *GDP: A Brief but Affectionate History* (Princeton: Princeton University Press, 2014).

工作就是通过借贷和支出来纠正这种不平衡。通过经济核算体系，支出的增加将成倍扩大，提高产出和就业，促使借贷将能通过额外的输出偿还。失业成本将下降，税收收入也会上升。

立顿·斯特莱彻和凯恩斯的追随者布卢姆斯伯里追随认为，维多利亚时代的人所信仰的一切几乎都是错误的，比如节俭和储蓄这一个人美德导致了大众的痛苦[①]。凯恩斯曾一度公开敦促家庭主妇消费以创造需求，而非谨慎存钱以备不时之需："爱国的家庭主妇啊，明早出发到街上，买些好东西，这对你自己有利，还增添快乐，因为这样做你便能增加就业和国家财富，因为你正在做有用的活动[②]。经济增长将会使未来每个人都更加富裕。"

同大多数古代史一样，他的大部分论点在21世纪第一个十年的末尾需要再次验证。随着20世纪末的大繁荣最终走向末路，主要经济体内部开始产生破裂。政府试图通过增加借贷来应对社会总需求的降低。大家都在讨论紧缩。美国和英国的政府赤字规模巨大，这在非世界大战期间绝对不可想象。同时，他们通过印钞票来刺激经济。欧洲的赤字同样急剧扩大，以至于近十年后，从历史标准来看当时的借款仍然保持在非常高的水平。

除了利息费用，债务也没有纳入国内生产总值的账户。债务的数目并不重要，这是因为国内生产总值没有进行债务的调整，同时政府和央行政策将利率控制在很低的水平。子孙后代的利益由于继承债务而受到损害，除非考虑到信贷能够带来经济增长。

20世纪八九十年代，一种新的乐观主义精神盛行于世界主要经济体。在经历七十年代惨淡的经济萧条后，美国总统罗纳德·里根和英国首相撒切尔夫人表现出一种自由资本主义的论调，同时他们透露出将给予市场、私营部门更多的税收优惠和扶持资金的政策意图。他们的政策意识形态表现出更为明显的刺激经济的意图。与罗马俱乐部的严重警告相反，世界石油价格

---

① L. Strachey, *Eminent Victorians* (London: Chatto & Windus, 1918).

② J. M. Keynes, 'Economy', in *Essays in Persuasion*, vol. 9 of *The Collected Writings of John Maynard Keynes* (London: Macmillan, 1930), ch. 6, p. 138.

在20世纪80年代中期暴跌并持续二十年保持低价。伴随着柏林墙倒塌和苏联解体，世界格局在20世纪90年代初发生巨变。同在社会主义阵营的中国，也在毛主席去世后开始了改革。所有这些历史发展背后，信息技术发展导致的技术革命发挥了重要作用。个人电脑、传真机、移动电话、互联网和电子邮件，电子文档、谷歌和社交媒体颠覆了传统的经济运行方式。这是一个仍处于起步阶段的过程。

尽管并不是每个人都共享了好处，新技术、市场的意识形态、俄罗斯和中国的历史性转变共同构成了一种非同寻常的乐观主义精神——未来似乎柳暗花明。甚至凯恩斯主义的噩梦——经济周期——看起来也像被驯服了。在这样一个乐观的世界似乎明天会更好：收入会持续上涨，再也不会有苦日子，阳光照耀之下不需要修补屋顶。摆脱恐惧最明显的方式便是消费和借贷。债务是暂时的，人们会过得越来越好，更高的薪酬能够偿还债务。更好的是，人们的房子会持续升值，因此几乎不用为退休而储蓄。房子总是可以出售的。未来更富裕的人们会在适当的时候拿钱解决增长导致的环境破坏。未来可以自行发展，自我维持。

政府也行动了起来。借款并不是问题，因为丰厚的税收收入将偿还它。随着经济的继续增长，债务只占总额的很小比例。最重要的是，由更加复杂的金融工具建造的金融金字塔不断地产生更多的企业所得税和印花税收入。

对于普通人来讲，银行不断提供的廉价借贷，信用卡和抵押贷款增加了数倍，这简直太诱人了。债券和借款曾经代表个人毁灭甚至是债务人的监狱，而现在这种恐惧却被认为负债是件寻常事的想法取而代之。大额抵押贷款、学生贷款和信用卡债务成为一个可接受的生活方式。这是一个反维多利亚的方法，但凯恩斯批准了。

国内生产总值数据告诉我们借贷这一做法取得了令人振奋的经济成果。事实上，这一做法也得到了大肆鼓励。国内生产总值在20世纪90年代保持高速增长，在2000年股市崩盘之后，更多的刺激进一步注入，刺激了国内生产总值的增长。英国财政大臣和首相戈登·布朗一再声明不再有"繁荣与萧条"，并且在他对美国经济协会的演说中，罗伯特·卢卡斯声称"萧条预防的核心问题已经得到解决"[1]。

在2005年左右，个人、公司和政府都玩起了一场借贷游戏。但好景不长，资金突然离场，盛况戛然而止。突然间一切不同以往，未来似乎不胜从前。政府无力支付养老金，下一代人也变得贫穷。一直以来，GDP数据给予我们一种虚假的乐观主义和自满。人们开始反思，也许关注资产、投资和储蓄的维多利亚方法并不像凯恩斯学派所认为的那么多余。

凯恩斯主义者将这一切看作一个暂时性的挫折。他们企图通过增加政府借款以抵消企业和个人支出的减少从而带领经济走出萧条。凯恩斯主义的经济学家借此敦促政府增加财政支出，并且反对紧缩政策，《纽约时报》和《金融时报》中的批判言论被他们当作垃圾扔掉。

这看起来似乎非常合理，甚至超越了眼前的危机。当前的主要矛盾是现金不足，债务和负债似乎不太要紧。但实际上，债务和负债是非常重要的。当你从资产负债表的角度出发，并将自然资本纳入考量时，对债务的重要性的判断会产生一个非常不同的答案。21世纪第一个十年中期的真实情况是，人们都过着入不敷出的生活。没有明显的大"产出缺口"。旧的（维多利亚时代）谚语，没有足够的钱就买不起东西，已经过时了。取而代之的是，只要经济持续增长，情况就会变好。这一想法根深蒂固。勤俭，把钱放在未来进行消费是不时髦的（不明智的）。但是，一旦经济增长速度降低，超前消费便不可持续。消费狂欢结束后，债务依然存在，而且必须用远低于预期的当前收入偿还。

传统的国民收入账户，特别是国内生产总值，还有另外一个缺点。这种账户不仅没有考虑到债务以及可持续的支出水平，而且用于维持现状的资产也被忽视了。在以现金为基础的账目中，维持核心基础设施（包括自然资本

---

[1] R. Lucas, 'Macroeconomic Frontiers', *American Economic Review*, 93:1 (2003), pp. 1–14. Brown repeated his claim that there would be no return to boom and bust in his budget statements in 2000, 2001 and 2006, and as the crisis broke around him in 2007.

基础设施）的费用并没有显示出来。如果道路有坑洼，更多钱将花在修理汽车上，这也会对国民收入有积极的贡献。这种需求创造方式比挖坑再填要好一点，按照凯恩斯的说法，这也会增加需求从而增加国民收入[1]。这种计算方法之下，现在的漏洞更有可能会被留下，并且好处是会产生更多的GDP用于弥补损失。按照这种说法，洪水也可能是好消息，它们会引发一系列的救援活动。地震也是好消息，它会开启一个建设繁荣的时期。

从代际和可持续发展的角度来看，即便是从GDP角度出发，债务和未能被维护的基础设施 将阻碍经济增长[2]，无论是人为的还是自然的。做出这一论断的时机是否准确有待商榷，但是毫无疑问，下一代能够支付起我们这一代的负债的可能性非常有限[3]。在美国和欧洲都可看见，债务和违约对经济不利，基础设施建设的不利同样削弱经济的竞争力。自然资产的破坏导致气候变化、土壤贫瘠、人类健康状况堪忧等问题，这降低了人类的福祉，也对生态系统造成损害。对于基础设施，交通投资不足将引发经济的成本上升，能源系统投资不足将增加生产成本和风险，甚至导致拉闸限电。然而短期内这些问题不一定显现，GDP也不一定受到影响。

资产负债表

凯恩斯主义认为，在宏观经济方面，消费和投资只是不同类型的总需求。这些都是集合体，而不仅仅是组成集合体的一部分，这很重要。然而稍

---

[1] J. M. Keynes, *The General Theory of Employment, Interest, and Money* (London: Macmillan, 1936), p. 129. His specific example involved burying banknotes in old coal mines, filling the holes in with rubbish, and then leaving it to private enterprise to dig them up again. As a result, 'there would be no more unemployment', and capital wealth would probably be greater.

[2] Keynes famously made the remark that in the long run we are all dead. While in a recession the short term is pressing, it is the neglect of the long run, and the view that the long run could look after itself, which differentiates Keynesian economics from that focused on the environment.

[3] C. M. Reinhart and K. S. Rogoff, *This Time Is Different*: *Eight Centuries of Financial Folly* (Princeton: Princeton University Press, 2009).

加思考即可发现，这是非常值得怀疑的。如果政府花费十亿元投资于非有形资产，例如用于提升福利或降低税收，那么需求的确上升了，尽管需求增加效应可能被人们削减开支的负效应抵消。之所以会有负效应是因为人们知道，他们之后将通过更高的税收来支付费用[①]。换种方式，假如政府花费十亿美元投资于一个有形资产，例如发电站、公路、火车站或自然基础设施资产，或是保护陆地水资源。那么一个新的实体资产（或对实体资产的改进）出现了，可以利用负债以支付它。比较两种政府支出方式可以发现，提供新的实体资产是明智的，因为它的回报率为正。毕竟一些有形的东西已经永久性建立，而不是瞬时消费。

如果问题是"我们今年会比去年好吗？"我们想知道我们的资产基础——贷款的净资产——是已经上升还是下降了。为了满足总自然资本规则，我们可用的自然资本是增加还是减少了？目前国民收入账户几乎没有告诉我们任何关于资产的一般状态或自然资产特殊状态的信息。

将不可再生的自然资本纳入考虑是最显而易见的，主要着眼于石油和天然气田的枯竭。在第一部分证明，为了保持可持续增长率，在不过分挑剔代际效用的情况下，不可再生的自然资本的消耗会导致后代被迫放弃不可再生资源的使用，转而采用其他方式资助他们的资产。

为了解决这些问题，应该建立某种基金。在会计核算当中，也应该提供一种反对石油和天然气的毛收入总额的会计术语。国民收入账户应考虑为后代提供后的净收入。但是从当前GDP核算的角度来看，并没有考虑这些问题。对石油和天然气的核算仅仅考虑现金收入，这些非可再生资源已经被消耗殆尽。无论在北海或阿尔伯塔的焦油砂，还是在加拿大，人类丝毫没有考虑到自然资源枯竭的问题。

---

① The Ricardian equivalence theory set out the conditions under which borrowing will be exactly offset by savings. It was first proposed by David Ricardo in relation to war bonds in early nineteenth-century Britain. Robert Barro's famous article 'Are Government Bonds Net Wealth?' was published in 1974 in the *Journal of Political Economy*, 82:6, pp. 1095–117.

思考一下在全球范围内这意味着什么。地球的资源被人们无情地疯狂耗尽，相应的，国内生产总值也疯狂上涨。然后清算的日子来了：地球的资源枯竭让我们失去了我们的生物多样性，也导致了气候问题。这将是一次又一次的"复活岛"①。可悲的是，许多破坏行为在20世纪就已经开始了。在中国，短短二十年慢性污染破坏，使得可再生能源和不可再生自然资本被大规模消耗，土壤退化、河流生态系统被毁的速度和规模是前所未有的，而这并没有体现在GDP账户上。

GDP的增长方式和可持续增长方式有很大不同。可持续增长是提高消费水平，同时保证这种消费水平能够延续到未来。未来取决于我们传递给下一代的资产和负债：资产的数额和状况，债务的数额及相关负债。譬如目前这一代的年龄养老金和医疗费用情况。这种持续的增长需要良好的基础设施作为保证：工厂、医院、学校和教育工作者。但与此同时，可持续发展同样要求自然资产：没有自然资产，经济系统将无法正常运转。

可持续性关注消费水平如何一直保持稳定，即后代可以如何保证至少和这一代一样好。目前解决这个问题的办法是仅考虑较小范围内的几种资产。即通过专注经济和社会发展所需的核心资产，并确保核心范围内的自然资本存量总体持衡。在这种方法下，国民收入核算应如何使得这种要求得到满足？

账户需要反映资产和负债。末日审判书是建立账户的初次尝试。审判书中试图列出在11世纪英国的资产。当时，征服者威廉想知道人民都拥有什么。因为当时是农业社会，农业是支柱性产业，因此物权即意味着土地所有权、动物、仆人、农奴、建筑物以及股票的总和。正如他的大多数皇室继承者，他的动机主要是加强统治和控制税收，而事实上现代政府也是这样。②

---

① The disastrous collapse of the civilization at Easter Island is a matter of considerable dispute – see T. Hunt and C. Lipo, *The Statues That Walked*: *Unraveling the Mystery of Easter Island* (New York: Free Press, 2011).

② In William's case, he needed the money to defend his southern flanks in France, and to beat off the constant invasion threats to England, as well as dealing with internal rebellions in both France and England.

　　末日审判书定期更新，就会有一组账户可以回答资产的基础是扩大还是压缩。许多世纪后的今天，试想我们再次被赋予更新的今天末日审判书的任务，试图审计一下整个英国的财富。土地应该不会在现在的资产名单上占太大的空间。主要的基础设施，如供水、供气、公路、铁路和能源将会占据更大的比例。假如拿美国与英国做个比较，比较容易的方面是比较硬件基础设施的质量，例如比较宽带的质量，然后会考虑所有的房屋和工厂。更加困难的，但高度相关的，将是无形资产进行比较，如专业服务、创意艺术、大学和媒体。美国人自然会把华尔街和好莱坞添加到自己的末日审判名单。

　　像这样，如果你被要求编译现代末日审判书，感到非常困难也不足为奇了。那些资产真的重要吗？你需要计入他们全部吗？这些问题将使你感到困扰。许多前人思考创造一种方法，计算自然资本的综合资产负债表数值，作为财富核算工作中的一部分。柯克汉密尔顿，在这一领域领先的研究人员，提出了一种可能的方法。他专注于保护区，如国家公园和自然保护区。例如什么是亚马逊雨林的价值？他认为有一些事情要考虑到不使用自然资本的领域（例如亚马逊）完成人类活动的机会成本。在此，他所指的正是农业，并且由于这一地区农业耕作尚未普及，因此可以假定农业价值会非常低[1]。

　　此外，还有一些原因可能与这种全面核算下自然资本价值较低有关[2]，特别是在人力资本具有压倒性优势的情况之下。必须认识到，这种做法正在考虑的问题与保护和加强自然资本的初衷有很大不同。全面财富核算就是这样：他看重一切价值，所有资产都要纳入核算体系。因此，它是如此雄心

---

[1]　K. Hamilton and G. Lui, 'Human Capital, Tangible Wealth, and the Intangible Capital Residual', *Oxford Review of Economic Policy*, 30:1 (2014), pp. 70–91.

[2]　See also, UNU- IHDP and UNEP, *Inclusive Wealth Report*: *Measuring Progress towards Sustainability* (Cambridge: Cambridge University Press, 2012), especially chapter 6, 'Natural Capital and Economic Assets: A Review', by Partha Dasgupta, and chapter 8, 'Ecosystem Services and Wealth Accounting' by Edward Barbier.

勃勃，同时在信息数据上要求很高[①]。

正如科林·梅尔指出，自然资本核算是关于维护自然资本。这就意味着要维持它的资本价值，同时在不可维持的方面，要用其他东西来取代[②]。综合资产负债表的完善需要很复杂的过程，但自然和自然资本的保护不能等待。但是，正如迈耶接下来所说，好消息是，全面核算的做法对于获得一个可持续增长之路的过程而言，并非是必须的。我们的任务是引进资本的维护费用，以确保最为关注的资产及其在资产负债表上的价值得到保护。

还有一个更有趣也更容易的疑问：什么是我们应该确保处于良好的形态和妥善保养清单上的关键资产？答案可能会集中在那些对经济繁荣和发展至关重要的资产：可能被称为基石资产或基础设施资产。并非所有的资产都发挥这一作用。我们可能需要房子，但并不是每栋房子的质量都对经济起决定作用的。相反，没有足够的电量将是一个大问题。如果失去电，那么几乎所有的电力设施都将失去作用：自动取款机、宽带、手机、供水都会停止。交通运输失败以及供水不足的问题同样严重。防洪失误不仅使新奥尔良陷入灾难，也同样将使1/3国土面积低于海平面的荷兰感到恐惧。同样，如果没有泰晤士河水闸，伦敦将是非常脆弱的。

这些例子表明，基础设施在维护可持续发展方面发挥了非常特殊的作用。自然资本属于这一类。为了满足自然资本的总原则，我们需要能够识别至关重要的那些自然资本。比如在物理基础设施中，资产基础账户中，它们最重要的特点是"风险"。这些风险资产才是汉密尔顿应当关注的资产，而不是全面的财富核算。

---

① This is one of many reasons why progress on the accounts of the UN Statistical Commission's System of Environmental-Economic Accounting has been slow and, while very useful, SEEA is unlikely to form the accounting basis on which to drive policies towards the meeting of our natural capital rule. SEEA uses multiple indicators and measures. See http://unstats.un.org/unsd/envaccounting/seea.asp. For how this comprehensive recording of assets might work, see C. Obst and M. Vardon, 'Recording Environmental Assets in the National Accounts', *Oxford Review of Economic Policy*, 30:1 (2014), pp. 126–44.

② C. Mayer, 'Unnatural Capital Accounting', Natural Capital Committee Members' Discussion Paper 1, 15 Dec. 2013, at https://www.naturalcapitalcommittee.org/discussion-papers.html.

尽管编写一个完整的自然资本的资产负债表将是一项艰巨的任务，但是满足总自然资本规则在很大程度上等价于保护有风险的可再生资产，以及非可再生能源的枯竭。如果可再生能源不能自我复制，我们也将永远失去。更进一步来说，对自然资本改善而非单纯持有需要对自然资本进行加总（并因此扩大资产基础），而这正是估值方法的用武之地。

资本保全

为了实现弱自然资本总规则，自然基础设施系统的总价值必须至少保持不变，以及可再生能源必须保持非递减状态。因此，他们需要得到保护。由于我们没有做到这二者中的任何一点，这种自然系统应当被当作是特殊状态得到保护——对这一系统不能计算折旧，常规折旧不仅不正确，而且实际上可能产生一些严重的扭曲。

折旧作为一个经济学概念，在任何情况下，都面临严峻的挑战。正如斯科特指出，物理折旧和资本维持的经济成本之间有很大的差距[①]。原则上，任何资产可以被保持在它的原始状态。就像乘坐拖拉机或一辆旧车，收藏爱好者许多非常古老的车辆都被保护得非常完好。当它们表现出物理磨损，人们给他更换零件。但与新款相比，50年代的拖拉机没有多大实际用途。其原因是，价格（和成本）已经改变以及技术先进了很多，导致20世纪50年代版本的拖拉机经济价值下降。因为有从拖拉机那得到相同的服务而更便宜的方法——通过购买2010年新款车型，这种价值的降低与物理折旧无关。老拖拉机的价值几乎完全在于收藏的快感和稀有性，而不是它的农业用途。一部老拖拉机身体状况从农业的角度来看并不重要——它对农耕已经显然毫无用处了。

并非所有的资产都值得保留。随着价格和技术改变，资产的经济价值

---

① M. Scott, *A New View of Economic Growth* (Oxford: Oxford University Press, 1989).

会上升和下降。重要的是某项产品或服务对经济发展是否必要。维护资产所需的技术，可能会改变人造资产，通过教育传播的知识也可能会改变。正是这些严格的服务，需要永久交付。但是许多核心基础设施的资产通常寿命较长，超过百年并不罕见，而且与之相关的技术进步通常也是一个长期因素。所以这些核心资产本身实际上是需要永久维持的资产。

提到可再生的天然资本，还有一个重要的区别。物种和生物多样性没有技术变化。他是天然存在的，虽然可能是由人类进行管理，他不使用人为的技术来改变自己（虽然遗传工程可能使一些自然资产在未来变成真正的人造资产）。所以他们是真正永久的资产需要得到保护。

对于非可再生能源，被耗尽意味着残留的资产降到零。它的价值正在下降。但它并不会因为本身价值下降而贬值。事实上，残留资产由于稀缺而引起价值上升，因为它们仅存的更少了。

考虑到自然资产的这个方式对会计政策将有根本性的影响。资产负债表的账户应当提供满足整体可持续性标准的资本维护费用，而不仅仅是折旧费用，这是不够的。我们应当建立一个新的"国民生产净值"来代替GDP，以考虑折旧。当前经济需要产生足够的现金用以支付保护资产的费用，而不仅仅是支付资产的折旧费用。

试想一下，有哪些方面影响当前的GDP数值。如果加上资本维护费用，当前的 GDP总量将降低很多。那么这个数值具体是多少呢？有一个好主意是我们可以只考虑这几个主要的物理系统：铁路、道路、供水、污水处理和宽带。计算如何保持教育和卫生系统可能比较难，但粗略估计并非不可能。

让我们粗略计算一下。假设总资产价值非常低，只是国民收入的四倍，并假设国民收入约为2万亿美元（大约与英国年度GDP相当），再假设资本维持和负债组合的需要，哪怕只是1%的国民收入的比例，收费将是800亿美元。而在现实中资产很可能是相当多的。所以很容易看出为什么各国财长不愿提出可持续账户。然而这一规定并非脱离公共预算，它确实以某种形式出自人们的口袋。人们是否面临更高的水费等公用事业收费，提高税收，或更低的公共开支是资本保全实现路径的问题，而这不是量的问题。

这也关乎我们这一代人节约消费，我们到底应该节约多少钱，这涉及当代人应保存子孙后代的利益。目前在许多发达国家储蓄率都比按照上述方法进行国民收入核算计算出的储蓄率要低。我们这代人太过自私，相当于以子孙后代为代价，而享受一种更高品质的生活。如上所述，代际自私中一个很实际的例子是如何对待从北海的石油和天然气所获得的收入。实际上，世界各地都有石油和天然气资源，这一问题是世界各地普遍存在的。石油和天然气都是不可再生资源，在我们这一代消耗殆尽就意味着不能留给下一代使用。它一直是纯天然的资本消耗。

英国国家统计办公室（ONS）致力于编制2020年前的国民收入绿色账户，并对自然资本价值作出了初步估算[①]。结果表明，即使只考虑一个非常基础的自然资本，其价值在2007～2011年这四年间也下降了4%。而这些自然资产减少的值应当从GDP中减去。非可再生资源的价值应该在GDP中得到补偿，从而使得总资本维持在一个恒定的值——在弱可持续性条件下，应对可再生资源进行补偿；在强可持续性条件下，全部资产都应得到补偿。鉴于ONS账户是非常片面的（总数大致等于年度GDP），也几乎较少考虑可再生能源，因此对资本维持两种形式，实际调整很可能要比4%的数字大一个数量级。

负债有许多形态和形式，需要依据具体情况制定政策。其中一些涉及资产的处置方式。一个简单例子是退役石油平台和恢复受污染的土地，这些资产的相关负债有时很难预料。直到20世纪后半叶，石棉对健康的危害才为人所知。另一个例子就是人类本身的负债，比如肥胖的流行，这是一项长期

---

① ONS, 'UK Natural Capital: Initial and Partial Monetary Estimates', by J. Khan, P. Greene and A. Johnson, 2 May 2014, at http://www.ons.gov.uk/ons/dcp171766_361880.pdf. There have been lots of accounting exercises around the world, typically within the frameworks of the UN's System of National Accounts (SNA) and SEEA. The exercise here is, however, distinct – it is all about assets and therefore stocks and not flows. On natural capital the Wealth Accounting and Valuation of Ecosystem Services (WAVES) initiative is particularly important; see http://www.wavespartnership.org/en/naturalcapital-accounting- 0.

负债，因为肥胖病能够通过年龄结构作用于几代人身上。随着基因科学的发现，越来越多的老龄化人口和健康负债产生，在新的治疗水平和延长寿命的方法之下，药物和治疗系统的成本也越来越高，健康负债由此增多。在大多数社会中，养老制度是每一代人为上一代人提供养老，养老金资金的不足也产生了大量健康方面的自然负债。

企业自然资本核算

尽管在自然资本纳入国民收入核算方面的尝试还非常原始，但是企业在进行自然资本会计核算方面仍有一定热情，可以将自然资本核算的主体换做企业。企业有自己的资产负债表，将自然资本加入企业正常的会计实践之中，将有显而易见的益处。公司资产与负债的核算有必要搞清楚企业主保持总价值过程中所面临的风险。

自然资本核算的企业涉及现有的基础设施。重点是对自然资产和负债进行注册。如果这些资产的价值下降，则公司的资产负债表存在资产损失。一些自然资本资产能够提供一些生态服务，那么公司应出手保护。例如，林地可能产生木材和柴火，也可能用于为拍摄猎鸟提供掩护。这些回报可以被资本化。但也可能产生问题，业主可能不能保护更广泛的环境效益。林地可能是鸟类和甲虫的珍稀物种的栖息地，它可以增加乡村和游客给企业带来的收益。

更广义的获得经济和环境效益的处理方式有两种。首先是寻找提供这些服务所有者的补偿方式。农民因提供这些服务而获得环境补贴，他们接收补贴的土地资产负债表价值，应该上涨，因为未来补贴的资本化价值增值了。一般来说，社会可以从土地所有者和企业购买这些服务，然后由政府来补贴，GDP由于减去相应的金额而降低了。然而，自然资本资产作为一个经济整体，已经得到了增强，并在企业账户有相应的反映。

第二种方法是把自然资产的保护作为一种监管需求来对待，使之成为一种责任。拥有受污染土地的企业必须进行净化处理。污染的许多形式是受管制的，因此企业的责任应该反省对自然资本的破坏。在这种情况下，资产负债表降低了，共同的价值也因这些责任而降低。然而，政府不再需要支付所有者以保护环境，因此收入也不会降低。

这不是晦涩的学术与会计问题，它有真实的后果。以农民为例，他们的许多行为破坏了自然资本。他们用硝酸盐给庄稼施肥，给植物群与河流都带来了毁灭性的影响，严重影响了水质和生物多样性。杀虫剂和除草剂破坏了昆虫与鸟类繁殖[1]。集中作业大批量地杀死了农场的鸟类，然而对环境负面影响的清单还相当长。

这些都是谁的错？谁应当承担起满足总自然资本规则的责任呢？有很多种方式可以解决：政府可以补贴农民禁止污染的行为；或者可以制定政策使得农民有义务把事情做好并获得补偿。现实中以上两者皆有，也许更多的是前者作为农业组织利用政策来保护自己的资产价值，并迫使政府支付。但它不是单向的：污染的监管、限制和控制征收税收，例如健康和安全条例，以及农民的花费。重要的一点是，从会计的角度来看，让谁负责保持资产的价值毫不受损，这并不重要，重要的是让资本维持。

自然资本的核算与非营利的组织也有相当大的关系，特别是那些以保护环境为核心宗旨的组织。在很多国家土地是被环境信托基金及其所有者会员以及慈善组织拥有的[2]。这些组织都希望他们能最大程度地为环境带来益处，因此直接投资于自然资本账目。事实上由于会费和慈善捐款，他们的资金也相当有限。这意味着在核算自然资产的时候，他们专注于最高价值的资产，而这些资产往往存在风险。

纳入了自然资本的国家、企业和信托账户将在整体经济上的绩效有本

---

[1] M. Shrubb, *Birds, Scythes and Combines*: *A History of Birds and Agricultural Change* (Cambridge: Cambridge University Press, 2003). See also The Farmland Bird Indicator (1970–2007) at www.rspb.org.uk.

[2] In Britain the National Trust owns large tracts of land and the Royal Society for the Protection of Birds (RSPB) owns nature reserves. Much of this can be regarded as natural capital.

质的不同。因为很多国家和企业很晚才能看到账目问题，因此一份资产负债表对于我们自然资产的保值，以及支持公司账目纳入自然资本，具有非常重要的实用意义和前景，尤其是表明超越了我们的支付能力，我们还能生存多久。这可能并不是十分美丽的风景，但即使穿上GDP色彩靓丽的盛装，也并不能改变现实。事实上，我们并不能维护一般意义上的资本，更谈不上维护特别的自然资本。后果是不可避免的，并终将纠缠我们。如此重视GDP的数值，我们不仅愚弄了自身，未能珍视我们真正的财富，且还会通过不断积极地鼓励对后代有害的行为而使得情况变得更糟。

第五章　自然资本估算

不论是国民账户还是公司账户，其质量均取决于所采用的数据的好坏。但是应当收集何种数据？这取决于该账户想要回答的问题——累计自然资本是否被维护和增加。国民收入账户能够帮助重塑资产负债表和资本保值。但是并非所有自然资本都需要或能够被保护。在自然资本账户总值里，有许多自然资本已经或将要被置换。保护自然资本所需的资源并非无限的，而是稀缺的，这一点，任何保护机构都十分清楚。哪些自然资本是最重要的？我们需要集中精力保护和增强哪些自然资本？

大多数自然资本仅仅是继续发挥其原本的效用，一些自然资本相较于其他自然资本能够带来更多的利益。在实际中，保存总的自然资本（包括补充不可再生资源的消耗）能够通过集中精力于两类可再生自然资本来达到目的——一类是存在不能继续发挥其益处、面临危险的自然资本，一类是有最大化效益的自然资本。

辨识上述资产有一些必需的步骤：无论是物种、生态环境还是产地，均需定义其基本单位；估算可再生资源变成不可再生资源甚至灭绝的临界值（及其安全临界值）；计算临界值以上的自然资本所代表的经济利益，尽可能寻找更高的目标。第一步告诉我们到哪里寻找；第二步帮助我们识别有风险的资产，因此帮助我们发现需要集中关注的资产类别；第三步指出何种修复可能带来经济增长。

测量单位

测量自然资本，远比测量其他种类的资产更加复杂。其基本单位是什么？自然科学如何与经济相结合？尽管答案势必会是粗略的，但好消息是我们有大量的关于自然资产的信息。我们面临的挑战是将这些大量的因其他目的而收集起来的异构信息，转化为一种可以帮助我们判断可持续发展的目标是否达到，以及产出结果如何。

让我们先从资本单位开始，并考察其如何运用于人造物理资产的测量上。采用会计师来测量这些传统形式的资产已经长达多个世纪了。这是会计师的职责。可能这看起来很简单，但是实际并非如此。考虑一个典型的制造业企业，有厂房、机床、卡车及其他车辆，可能还有打包机器，也会有大量计算机和电子设备。该公司将会采用购买或租赁的方法来获取这些资产。每种资产都会有其相应的成本，加总单项资产成本即可得出公司生产活动中所使用资产的总成本。

然而，对于所使用的资本的价值来说，这将不会是一个实际上的非常精确甚至非常有用的描绘。原因显而易见，东西的成本与其价值并非一致。十年前成本十分高昂的计算机，到今天可能一文不值，原因在于十年间科学技术飞跃，（计算机）价格大幅下降。机床也可能被磨损。成本与价值是两回事，我们对于前者的兴趣并不大。

现在再来思考自然资本的情况。不可再生能源，如石油和天然气，以吨为单位，本身具有成本和价格，所以测量并对它们进行估值并不困难。一些可再生能源也具有相同的特征。鲑鱼也以吨为计数单位，同石油一样，鲑鱼也存在相对应的价格。鲑鱼资本的价值为鲑鱼价格乘以未来鲑鱼所有的产量，并将其折现到现在。构建鲑鱼的价格比构建石油的价格更加复杂，原因在于鲑鱼有不同地方的不同物种的分类区别。但是从数量这方面来看，不像石油和天然气，如果鲑鱼种群得到了合理的保护，则大自然能够一直不断地再生产鲑鱼。因此即使采用折现率折现，由大自然不断提供的无限的鲑鱼数量仍然驱动着资本价值。

由鲑鱼引发出了一系列其他的测量问题。首先，如果计量单位是鲑鱼的个数，则其掩盖了鲑鱼存在不同类型和不同大小的区别。其次，如果关注的是鲑鱼种群的可持续性，则鲑鱼的数量可能不是唯一甚至不是最重要的计量单位。种群的前景取决于大量的配套因素和环境因素。过度捕捞、污染、疾病、虫害都能够对野生种群造成极大的伤害。在鲑鱼迁移的路径上设立养鱼场，会引发由海虱的传播以及其他寄生虫感染带来的对野生鲑鱼种群的严重伤害。挖掘清淤和拖网捕鱼会破坏甚至毁灭复杂的生态系统。离开格陵兰岛的大西洋鲑鱼的食物可能被工业捕鱼捕获，讽刺的是，这些被捕获的食物经常用于生产鱼饲料以饲养鲑鱼。因此，关注鲑鱼赖以生存的生态环境和其具有生态系统功能的栖息地则可能是更优的选择。下降的鲑鱼数量给我们敲响了警钟。

在评估收获的可持续性时，基本单位的选择至关重要。物种和生态系统可以替代为栖息地的状态。当我们衡量总的自然资本是否能够被维持在某一水平时，当我们衡量在何种水平上某种特别的可再生资源会被耗尽，以及被耗尽到何种程度时，我们需要一种实用主义的元素。在上述例子中，基本因素为野生鲑鱼的库存（还有多少鱼的存在）、鲑鱼猎物的状态、格陵兰岛附近海域的温度和质量、鲑鱼洄游产卵的河流的质量、海口海虱群体数量、捕鱼程度以及其他影响因素。

不同于人造资本的案例中每类资产均有其对应的成本和价格，当涉及许多物种以及几乎所有的生态系统和栖息地时，问题变得困难得多。分析时不能单独考虑某一因素来分析，但是那也不代表实证研究无计可施。这就像给一个复杂的对象从不同的角度拍照一样，每张照片都给出了有用的信息，而最佳观点则是这些不同视角的有机组合。

鉴于自然环境的复杂性，必然地，集中研究一个因素是对正在发生的进程的最佳快照。通常偏好选择关注栖息地这个点。栖息地是含有生态系统功能的单个物种居住的领域，通常更容易提供有指示性的测量值。这些栖息地可以被分为多个层次。顶级的栖息地为全球生态环境及其生态系统，包括大气、海洋复杂的相互作用以及洋流。

气候变化涉及这个范畴，测量大气中温室气体的浓度是相对简单而直接的。气候变化对生态系统和物种的影响是完全不确定的，但是至少能够测量气温变化，对气候进行建模观测，对人类的影响也足够严重到来判断是否突破了临界值。气温上升两摄氏度是一个大略的基准，但却是一个有效工作的临界值。其中一些影响也可以直接来测量，例如冰川的大小和规模，以冰的形态锁定的水的量能够被测量出来。可持续发展气候如果根据温室气体排放和浓度来设定目标，这是有争议的，即不确定性仍然不可避免。然而大体上，全球气候变化和一个可持续发展的大气环境仍是处于可控的状态下。

在大西洋鲑鱼的例子中，气候变化会影响水温。在北极，气温变暖的速度快得惊人。这对于鲑鱼有复杂的影响。气温影响其猎物种群的位置和数量，也影响冰川的融化速度从而影响了海的盐度。这都影响了气温、降水以及鱼洄游产卵的河流等其他生态系统特征。把幼鱼从出生地河流带到觅食的海洋洋流会因此发生改变，海洋各层及其复杂结构也会发生改变[①]。升高的气温改变了鲑鱼天敌的行为、种群数量与位置。因此气温变化可能为鲑鱼的临界值效应提供一种解释，并且使得已经减少的种群数量更加容易暴露在其他不利影响下。

沿着气温接下来的另外一个衡量因素为全球生物多样性。正如前文所指出的，全世界有少数的高度生物多样性的栖息地，主要集中在热带，包括热带雨林地区。这些地方的失去有着非常明显和严重的后果，因此测量他们的状态和健康是我们首要关心的。他们的损失会导致许多物种的数量降低到可持续临界值之下。

栖息地作为一种度量的因素能够被分类，而后每个类别能够通过面积来进行测量。全球定位系统和相关技术（如无人机），使得因采伐、焚烧、生产棕榈油、建造水坝和其他对雨林的侵入所造成雨林的损失，能够被高度精确地测量。现在想要隐瞒人迹罕至或者遥远地区的环境损害是非常困难的了。这反过来又使得新的更有效率的管理技术，包括市场激励机制，越来越

---

① See Michael Wigan's survey of the challenges to salmon, *The Salmon: The Extraordinary Story of the King of Fish* (London: HarperCollins, 2014).

可行①。

下一个层次是区域类的栖息地。河流流域是可以被识别的栖息地单位，他们有生态系统作为核心的基础。大型的河流跨越许多地区——如多瑙河、莱茵河和湄公河。但是大多数河流仅仅位于一个单一的行政管辖区（如美国、俄罗斯、中国），或者联盟区域（如欧盟）。因此，国家的法律在原则上可以限制开发可再生能源的程度。在高地地区，山区和山脉范围内的野生动物保护区（如美国黄石国家公园）、沼泽、湿地和沿海边缘、白垩地区、草原和古林地——这些都是可被辨识的类别。每种类别都支撑着其独特的生态系统，它们之中许多都受法律保护。这些栖息地可能有重叠交差，它们的边界线可能不清晰，但是它们能够大致被定义为不同的地理区域②。

测量海洋栖息地的单位则更加困难。珊瑚礁可能是固定的，很多生物多样性存在靠近海岸的地方。而海洋则不同，其所有权和控制权不被任何人所拥有，但是却被所有人开采。这给鲑鱼带来了悲惨的后果——当俄罗斯和其他地方的巨型捕鱼船捕杀海洋中的鱼类时，值得留心的是捕鱼的边际成本如此低廉，而且没有所有者为鲑鱼的利益进行反抗，即使卫星技术的发展使得捕鱼者的行为被密切关注。而所有公地的问题其实都是相关的。

下一层则是更小单位的自然资本的测量。具体的自然保护区和具有特殊科学价值的场所，城市公园，村里的池塘、海滩——这些都是可再生自然资本的例子。对他们的保护取决于国家机构、地方政府、信托基金和私人公司。这些都能够通过下文第三部分中描述的监管和激励机制来进行保护。在鲑鱼的例子中，能够保护特定的河流产卵地免受耕地流失淤泥的侵害并保护

---

① See K. J. Willis et al., 'Identifying and Mapping Biodiversity: Where Can We Damage?', in D. Helm and C. Hepburn (eds), *Nature in the Balance*: *The Economics of Biodiversity* (Oxford: Oxford University Press, 2013), ch. 4.

② See, for example, the classification of habitats in UNEP- WCMC, *UK National Ecosystem Assessment*: *Synthesis of the Key Findings*, 2011, at http://uknea.unep- wcmc.org/Resources/tabid/82/Default.aspx.

河口，这发挥了至关重要的作用。

最后，还要花费很多努力在个别物种的身上。测量单个物种的状态则更加容易，而对单个物种的权益更感兴趣。博物学家也有了大量的对单个物种的研究成果。有许多关于论述绝大多数大型动物、鸟类和昆虫的书籍，但是很少有关于主宰地球微生物的书籍。关于大型物种相关信息的数量是巨大的，在实际中也有三大关注焦点：濒危物种可能灭绝；种群数量标志着生态系统作为一个整体运行的指示性物种；对生态系统良性发展特别重要的重点物种。物种经常能适应多个类别的生态系统。

例如鹰隼正被他们猎物体内残留的农药危害，他们种群数量的下降揭示了农药是如何对食物链造成危害的[①]。由于他们是顶级捕食者，它们的总损失可能不是它们自身对整体生态系统的影响可以比拟的。例如，玉筋鱼和磷虾的消失可能大量减少以它们为食的海鸟和鱼群的数量。鹰隼捕杀鸽子，因此鹰隼数量下降的后果是鸽子可能需要额外的方法剔除（因此需要额外的成本）。相似的是，狼群数量的下降使得鹿群的数量上升，再一次地，需要人为干预来替代过去狼群的捕杀。一个更加复杂和具有破坏力的例子来自于印度秃鹫。它实质上因双氯芬酸中的毒性导致灭绝。双氯芬酸本来用于延长役用动物的服务年限，但是毒性仍然残留在役用动物死后的尸体中。而秃鹫的消失则使得印度和巴基斯坦的最有效的垃圾清除服务也随之消失了[②]。

鲑鱼也是捕食者。正如鹰隼帮助我们关注DDT之类的农药一样，一项对鲑鱼种群数量的研究暗示麻烦将要来了。这是十分合理的——野生鲑鱼将在苏格兰、挪威和冰岛的河流中灭绝。而对于太平洋鲑鱼来说，这最终也很可能成为事实。在这个案例中物种的数量已经敲响了警钟。它们的下降反映了更广泛的生态系统可能恶化，因此有可能一些不太知名的物种也将身

[①] See D. Ratcliffe, *The Peregrine Falcon*, 2nd edn (London: T. & A. D. Poyser, 1993).

[②] See J. L. Oaks et al., 'Diclofenac Residues as the Cause of Vulture Decline in Pakistan', *Nature*, 427 (12 Feb. 2004).

处困境。

试图保护鲑鱼不仅仅是保护物种本身——拯救每条鲑鱼。如果河口的捕鱼网停下来当然有帮助，但控制和限制大规模的海洋捕杀则更为有效。捕杀鲑鱼的天敌，比如海豹也对鲑鱼有益，但是对海豹则不然。如果鸬鹚和大的北方潜鸟被杀，则小鲑鱼能有一个更高的成活率。但是同样这对于鸬鹚和北方大潜鸟来说并不是一个好消息。限制休闲垂钓者的捕鱼数量并且强制且释放他们打算钓的鱼甚至会带来一些不同。但是专注于这些措施——尽管这些确实是一个首要保护的焦点——有可能反而错过了在这种捕食的生态系统中包含其他物种的大局观和更广泛的栖息地管理。

分析单位的层次结构提供了两个关于测量问题的观点。首先，没有唯一的单个分析因素。其次，不同因素的重要性根据所回答问题的不同而各异。对于总的自然资本，一般来说栖息地的状态提供了最好的一般性指标。主要栖息地的损失可能与维护的总体目标不相符。对于试图分辨自然资本中的具体损失，并且确定在何处以及如何集中资源提高自然资本，进行从较低层次着手的更加细致的分析可能是更有用的。以鲑鱼为例子，在物种水平的种群数量下降表明情况正在变得非常糟糕，但是在更广泛的栖息地层面来看，注意力需要被导向鲑鱼是否可以避免从一个可再生的、自然永恒提供的充足自然资源变成逐渐灭绝的稀少的不可再生的资源。在鲑鱼的案例中，无论哪个分析因素——栖息地、生态系统和物种——都处于越过临界值的危险中。

有一种观点认为，由于目的是保存总的自然资本以符合我们的规则，一个共同的因素是必需的。但是专注在自然资本的维持，较好的结果是仅危险的自然资本规模需要被测量。而问题在于，对于有危险的资产为了维护资产完好所花费的资本维护成本又是多少。不管从规则的角度来看资产维持的目标是什么，重要的是在特定环境下，衡量各个单元的水平都要是最科学合适的。当我们谈到补偿这些可再生自然资本的损失则更为复杂，这部分我们在第三部分进行讨论。

临界值

大多数可再生资源以零或者接近于零的边际成本去交付传递它们的服务，因此它们只是在复制。只要消耗足够低，则捕食者（很多时候是我们自己）和猎物（可再生资源）能够被无限期地维持下去。人类在一定程度上的使用不会对下一代造成未来可用性上的影响，可以满足总体标准。因此，这些生态服务（例如捕鱼）能够持续几千年，自然资本资产的潜在价值能够非常大。好处是无限的，而成本则接近于零，所以经济剩余是生态服务价值和这些微不足道的成本之间的差，在一个无限时间的框架中加总并折现。

然而当消耗过度的时候问题就出现了。人类捕获了太多鲑鱼，自然繁殖跟不上捕鱼网和捕鱼船的步伐。因此临界值，或者说边界线，真的非常重要。明显高于该边界线是一种良性发展，而明显低于该边界线的则无法挽回，它们从可再生资源变为了不可再生资源的状态。一旦成为不可再生资源，它就变成了一个被人类灭绝物种的案例。比较有趣的是，那些介于两者之间的案例——那些处于低于边界线危险的案例。这些可能是在濒危物种名单上，但是他们也可能是整个生态系统处于低于边界线危险中的物种集合。例如老虎非常接近灭绝的边界线，但它们能够存活在边界线之上，是以非常高的成本来实现的。在未来，由于一系列复杂的生态系统和生物多样性相互依存的亚马逊雨林可能被耗尽。栖息地的边际下降可能并不会造成太大的区别，但一旦超过了临界点，则其再也无法支撑起它的生态系统。

我们如何定义什么是临界值以及其界限？作为自然资本委员会工作的一部分，科学家乔治娜·梅斯和罗茜·海斯研究了一个方法和指标来分析临界值[①]。临界值是在生物物理学上为自然资产所定义的，而从破坏的状态中回复的恢复力又增加了另一个分析维度。对于各类资产而言都有一个安全限

---

① The key paper is G. Mace, 'Towards a Framework for Defining and Measuring Changes in Natural Capital', Natural Capital Committee, Working Paper 1, Mar. 2014, at https://www.naturalcapitalcommittee.org/working- papers.html.

度，低于该限度则该类资产变得难以为继。临界值、恢复力和追求利益下的安全限制都是并行的。

科学最多能使我们尝试去发现这些安全限制，然后选择一个足够的余量避免让我们不全面的知识引领这些走向深渊。这也存在一个经济逻辑，如果安全余量的成本一般不是很大，但是单位跌破临界值的伤害却很大，采取审慎的做法是有道理的。以植物为例，对其限制为保存种子库。例如英国的千年种子库、墨西哥巴丹城的国际玉米小麦改良中心工作。有些人甚至猜测能够从在北极苔原发现的猛犸象的遗体中提取DNA，然后创建一个DNA银行。但是这些选择都是基于物种的层面，但是他们几乎没有机会去帮助维持，更不用说再造生态系统。因此，打破临界值是一条有去无返的单行道。

实际任务是针对有证据支持其处于危险中的关键自然资本，开展临界值分析，因为它们有相当大的实际和潜在效益。并非所有资产都可以或应该被保存。作为这种分析的结果，可以建立起一个整体印象，告诉我们破坏的过程中有什么后果，有多少自然资本存量处于危险之中。这一重要工作将在国际自然保护联盟建立并宣布开始公布濒危物种红色名单之后进行[1]。

风险登记

一旦处于跌破临界值的资产被确定，这些能够被记录在风险登记簿上，然后需要无论从政府方面还是从企业方面都在全球层面、国家层面和地方层面上集中采取行动。这就是资本维持支出需要关注的地方。

许多风险登记已经以各种形态和形式存在。目前存在一个濒危物种名单和对其进行保护的协议，包括上文提到的濒危物种红色名单。现在有栖息地保护区，范围涵盖从全球生物多样性热点地区到各地自然保护区。国家公园也可以被视为隐含的风险登记簿地区，它值得特别保护。

---

[1] See www.icunredlist.org.

这些不同的列表有相当大的价值，因为它们汇集了几十年的科研和保护经验，以及记录的工作成果——从全国植物记录到鸟类记录，比如英国和爱尔兰植物学会和英国鸟类学信托基金会整合在一起的记录。在这些列表中经常使用志愿者和爱好者观测的丰富的数据库。问题在于数据太多了，很难制定出其中的优先级。名单能够帮助确定哪些生物多样性面临最大风险，但却不明确如何确定其优先级。拯救所有的生物多样性是不可能的，事实上，这也是不合意的。相反，我们需要做的是辨别：哪些是真正应该被保护的，哪些自然资本正在流失，哪些需要被补偿以满足总规则。

筛选这份名单有时能够让我们在稀有度的基础上确定物种的优先级——所以有红色名单和琥珀名单等。在红色名单上处于优先级的为加州秃鹰、老虎和雪豹。热带雨林和其他生物多样性热点地区也可能在这份名单的前列。至于超凡魅力和极度稀有的物种，有时候大量的金钱和资源都会用于保存他们剩下的数量。环保团体发现"拯救老虎"比拯救一种特定类型的甲虫更容易筹集到资金。

奇怪的是，有一种相当不合乎经济原理的稀罕做法。大自然的丰富性通常与其价值成反比。换而言之，物种越罕见，我们从看见它获得的享受越大[1]。如果现在有许多老虎，则不会有如此多的注意力集中在他们身上。看见一只画眉或一只花鸡与看见鹗或长脚秧鸡的兴奋不能相提并论。对于前者而言，这只是一时的兴趣，对于后者而言，人们会特地前往赫布里底群岛仅仅为了看一眼长脚秧鸡（或者更可能甚至只是听一下在多灯芯草的草地中难以捉摸的鸟鸣声——因为非常难以发现这种鸟的身影）。大自然的蕴藏就以这种提供难得一见的物种的机会吸引着观光者们。

这意味着当物种回到临界值上的安全线之后，保护物种带来的利益相对下降，也就是说从利益的角度来说，生物物种多样性的丰富并不一定意味着很大的价值。一个可能的解决方案是将风险登记册分为两部分：一种基于科

---

[1] See J. C. Burgess, C. J. Kennedy and C. Mason, 'On the Potential for Speculation to Threaten Biodiversity Loss', in Helm and Hepburn, *Nature in the Balance*.

学的生物多样性风险登记，一种是基于经济价值估值的效益风险登记。

这种双轨并行的制度有很多优点。首先，它使得专业信息分析能够公示出可再生自然资源的潜在优先级，它也能够被进一步分成栖息地、生态系统和物种等级别。相比之下，人们对生物多样性的估值取决于他们所拥有的信息和其被教育、媒体和其他文化影响所塑造成的观念。它并不一定是完美的。其次，许多经济效益取决于生态系统内部复杂的相互作用。因此，栖息地保护是必须的。例如食物有可量化的价值，但是大多数人只有一个朦胧的概念，即食物依赖于土壤生态系统、河流和海洋的状态。城市居民往往对其购买的被包装起来的肉类和鱼片的来源，以及真正的动物和鱼到底长什么样子，只有十分局限的认知。相似地，人们高度重视健康，但是空气质量、心理健康和自然环境之间的关系并没有被大多数人充分理解。

生物多样性、科学和经济评价之间的割裂并不意味着经济评价应该被丢弃。人们可能对自然资源非常无知，但是并不意味着人们从自然资源产品的使用中直接获得的乐趣和欣喜应当被忽略。对于记录经济效益的风险登记册的建构需求通常是衍生的。人们想要食品和健康，但是他们并不知道这些是如何产出的。这种衍生需求十分常见：我们对于我们购买的产品生产的数量了解得非常少。但是这并不能否定基本需求和从栖息地、生态系统和物种获得的利益的重要性。

将两种不同的风险资产登记放在一起，将会有很多相同之处。在科学角度的生物多样性和显著经济效益损失方面均存在风险资产。这导致了两个不重叠的群体——哪些从纯粹科学角度来看是处于风险状态下的但是又只有很少或者没有经济利益的；哪些只有很少生物物种多样性价值，却有很高经济利益。第一类的例子可能是一种罕见的甲虫，后者的例子可能是一个城市边缘的幼林，或者城市内部修剪良好的草坪公园。

两者交叉的地方是我们关注的最初焦点——即其结合了经济效益和保护可再生资源不变为不可再生资源这两方面。处于交叉范围的自然资本资产，对于效益的评估可以直接从三个生物多样性角度进行——栖息地、生态系统和物种。栖息地可能作为一个整体受到重视。人们可能喜欢野外开阔的空间、热带雨林、南极洲的白色沙漠和山地风光。他们可能享受生态系统所带来的好处，比如土壤和干净的饮用水所带来的好处。他们可能也会对特殊的物种赋予价值：吃、赏乐，或者二者兼有。

这种多风险登记的方法提供了解决临界值问题的基础。它通过引导注意力到可能失去的可再生资源，以及资源投放帮助阻止其腐烂。在那些可能失去的可再生自然资源中，它帮助其拥有最大化的科学价值和经济价值。但是我们可以做得比这更好。停止腐烂是假设自然资源的现有水平在界限水平上，并且如果物种、生态系统、栖息地在临界值水平上，则我们的目标达到。然而我们忽略了现有的水平（即使在临界值上）也可能不是最优的。

改善自然资本

辨别出哪些是处于临界值界限边缘的自然资本，使得注意力集中到那些处于最危险境地的自然资本，以防总体程度上的进一步恶化。但是这也让我们止步于此。这是仅思考当前状态的恶化，而很难有一个令人满意的结果。许多自然资产已经退化。栖息地已经被现在农业转变成绿色和黄色的荒原。城镇周围的保护区被允许恶化。我们周围的河流和海洋已经被污染。

由于我们不是处于一个好的开端，因此仅仅维持临界值是不够的。我们的目标应该是多少自然资本，他们的类别是什么？自然资本的最佳水平是多少？为下一代留下比我们所继承的更好的资产集合这一目标，带来了进一步的动力去修复我们已经造成的某些伤害。

这应该是一个经济学善于回答的问题。经济学家着迷于资产最优配置。事实上，定义资产的最优配置被视为经济学的目标。最优配置点是需求曲线和供给曲线相交的点，在这点上每增加一个单位产量的边际成本刚好等于其带来的边际收益。由于可再生自然资源的边际成本实际上为零——或者包括人工管理成本也几近于零——因此重点是边际收益。麻烦的是大多数（但不是全部）可再生自然资源并没有对应的市场，因此也没有对应的价格。我们看到前面的鲑鱼可能有其对应的价格，但是即使在这里鲑鱼赖以生存的生态系统，比如格陵兰岛附近的海洋和他们产卵的河流，并没有其对应的价格。经济学家的做法是试图通过询问人们愿意为边际单位产出付出的成本，或者他们失去边际单位产出需要的补偿，来估计边际收益。

这些估价的技术问题将在下一章进行更加详细的探讨。但是在这儿我们需要注意经济学家方法的两大问题——给出精确答案的不可能以及栖息地和生态系统非边际性的本质。计算热带雨林以及地区自然保护区的最优规模需要大量的数据和对一系列未来可能的经济和景观的分析。人们没有这些信息，科学家对大多数生态系统和栖息地的了解有限。因此，只对非常小范围的资产（物种或者非常特别的地方性影响）去尝试支付意愿的评估并非偶然。有对于特殊景观下的风电场、对特殊农业环境规划以及当地林地的经济价值估值研究，试图计算出其空间价值。当涉及栖息地，我们前面提到汉密尔顿曾尝试用土地价值作为替代品，而我们也看见了在实际中这样的联动关系（替代关系）是多么薄弱。试图去得出自然资本的总价值，比如生态系统和生物多样性的经济学研究，涉及大量实际的和概念上的细节，而结果如此粗糙以至于争辩这个结果也没有什么价值[1]。

让我们思考一下野牛的例子，尽管它不再面临灭绝的危险，但是其种群数量明显低于曾经在北美大草原上漫步的时候。随着这一数字的大幅削减，草原本身也已经发生变化，不再服从于季节性放牧，也不再有野牛捕食者居住于其中。由于人们对草原的所作所为，野牛的最佳种群数量不再和以前一样了（即当欧洲人抵达美洲时，在他们进行耕地和发展土地之前，就开始驱逐作为捕猎者之一的印第安人时）。因此，保护主义者限制了他们对于野牛种群数量减少的目标以保存剩余的牛群。我们的目标是将其保持在风险

---

① TEEB, 'The Economics of Ecosystems and Biodiversity: Mainstreaming the Economics of Nature – A Synthesis of the Approach, Conclusions and Recommendations of TEEB', European Communities, Geneva, 2010. For numerous updates, see www.teebweb.org.

资产临界值之上，但是这也依照现在流行的人为环境而定。开弓没有回头箭。目标种群数量与人们创造的生态系统环境有关，而与人类出现之前的状态无关。他们是依赖于周围环境的。定义这样的目标并非从某些田园牧歌式的乌托邦的历史时期挑出一天来并且试图去接近它。人类改变着所有的自然环境，并且这将是不会改变的现实。事实上，随着经济和人口数量的增长，自然受人类的影响程度随之增加，而不会下降。在这种情况下，应该设置目标，作为最优的代替。虽然目标并不一定是绝对最优的，但是通常这是在我们很难知道最优究竟可能意味着什么的情况下，我们能做到的最佳程度。

我们很容易认为，目标应该始终是单方面的，也就是说，需要更多的自然资本意味着更多自然、更少的人为干扰。这种观点也是不成熟的。因为人们已经如此改变过自然，因此导致的自然就是在这种管理过程中的产物。被捕食者和猎物以一种微妙的平衡达到的野生种群数量不再以自然本身的方式来监管。几乎所有捕食者和猎物之间的关系都受到过人类的影响。

所以实际上，在没有人类管理干预下，很多自然资本存量同样面临许多的风险。已经有鹿为例。鹿群对英国山区和林地造成的破坏是很可观的，鹿吃掉了大多数幼苗，抑制了山区和林地自我修复。白尾鹿从根本上抑制了美国东部的植物多样性，因为种群缺乏充足规模的进食[1]。因此，某些形式的扑杀是必要的，以保护其他物种不被推向临界值边缘[2]。

扑杀过程包括传统的为了人类的利益猎杀动物。一种形式是狩猎，人是捕食者。此时存量会带来基于产出肉类和捕猎本身的乐趣，这两者都是生态服务。在埃克斯穆尔，狩猎曾经一度是社会结构的一个核心部分，支撑起大量的本地工作、旅馆经营、参观，以及相关的文化活动。后来该地区于2004

---

[1]　A. Pursell, 'Too Many Deer: A Bigger Threat to Eastern Forests than Climate Change?', Cool Green Science blog, Nature Conservancy, 22 Aug. 2013, at http://blog.nature.org/science/2013/08/22/too-many-deer/§hash.SvDQfZOS.dpuf.

[2]　See K. Wäber, J. Spencer and P. M. Dolman, 'Achieving Landscape- Scale Deer Management for Biodiversity Conservation: The Need to Consider Sources and Sinks', *Journal of Wildlife Management*, 77:4 (May 2013), pp. 726–36; and DEFRA, 'Current and Future Deer Management Options', report by C. J. Wilson on behalf of DEFRA European Wildlife Division, Dec. 2003.

年禁止了狩猎。而这也已经带来了一连串的改变。现在生态服务完全不同，它们只来自自然节假日、赏鹿之旅，以及有组织的捕杀活动。

对于每一个物种，理论上最优规模可以被估算出来，尽管永远只能是近似数并且永远依赖于生态环境中的其他物种和人类环境，物种种群数量目标也能够被建立起来。原则上，能够对所有主要物种起草一个计划，使其从现在的种群数量转变为目标种群数量——不管是向上或者向下。在某些情况下这确实会发生，大多数这种情况一定是非常地方性的。在美国和英国，有关于蜜蜂和鹿群的策略。在英国有捕杀獾的计划，关于海鹰、赤鸢和海狸的介绍；保护红松鼠，反对灰松鼠的策略等。这些都是用来达到目标数量的一些策略，不管是明示或者暗示。为下一代提高的自然资本，在某种程度上是基于设定单个目策略的总和。

然而，对所有物种都设定一个目标显然是不可能的，哪怕是在一个相对较小的动植物资源匮乏的国家，比如英国，更不用说美国。我们没有关于花鸡的策略，没有关于田鼠的策略，也没有关于蚯蚓的策略。以上没有一个例子有一个众所周知的理由让我们去关心他们。因此，比如说临界值也促使目标要针对那些本身期望回报率较高的地方。

基于物种制定的一系列目标只能让我们止步于此。它往往倾向于关注拥有温暖人心的美好外在的物种和那些看起来很可爱的物种。基于物种本身则忽略了许多基于生态系统的考量，因此易于目光短浅。清理红鹿的种群数量确实对生态系统剩下的部分有帮助，但是决定鹿群到底要保存多少，则需要优先考虑整个生态系统——比如美国东部、苏格兰高地或者埃克斯穆尔，应该是怎样的。这需要将话题转到栖息地以及栖息地改良目标的范畴。

已经有很多尝试去制定一个栖息地层面的目标。一个具体的例子是欧盟水框架指令（2000）[①]。它为"良好的生态状态"设定了目标。欧盟洗浴用

---

① Directive 2000/60/EC of the European Parliament and of the Council adopted 23 Oct. 2000, establishing a framework for the Community action in the field of water policy.

水标准则是另外一个例子①。很少有目标必须通过其背后隐藏的分析逻辑来制定。相反，他们往往是各种利益团体的政治妥协和出于潜在成本的考量。而和想象的不一样的是，缺乏充分的成本利益分析。这些目标通常是在这种环境下能够做到的最佳状态。在其应用中，体现了目标以及一定程度上的实用性。

第二个问题是我们使用经济学方法去试图建立自然资本的自由水平，但是生态系统和栖息地并不是边际性的。他们是作为一个整体系统，因此，在这种环境下，边际经济学分析价值非常有限。经济分析善于对具体的项目和具体的收益进行分析，但是当面对一个更大的一体化综合的相互依存的生态系统和栖息地时，它就不是那么合意了。气候变化和大气就是非常明显的例子——我们非常难以计算出最优气候应该是怎样的。我们需要其他的分析工具，一个可供选择的方法是建立起具体的目标作为最优水平的代替，这个方法就是考虑要保持可持续发展的经济运行和发展，在全球范围、区域范围、国家层面、地方各级，哪些基本的自然基础设施是必要的。这与考虑交通、能源和水利基础设施是相类似的。这种方法背后隐藏的逻辑是对于社会和经济运行存在一个最小量级的必要资产集合。这种方法主要着重于栖息地的考量。

以这种方法来看，在全球层面，气候、海洋、雨林和其他生物多样性热点地区显然是候选者。大气是全球的核心基础设施。海洋支撑着许多全球性功能，雨林是气候主要调节者并且含有大量的生物物种多样性，因此上述这些都被包含在主要的生物多样性热点地区中。在国家层面，主要的自然资本基础设施是国家公园、自然保护区、河流和河口，海岸线和近岸海域。在国家自然资本基础设施计划中将这些元素集合起来，对加强整体自然资本的首要目标提供了自动恢复的支撑力量，因此符合了累计自然资本的法则。

综上所述，如果把重心放在最重要的因素上忽略其他因素，那么测量自

---

① Directive 2006/7/EC of the European Parliament and of the Council of 15 Feb. 2006 concerning the management of bathing water quality and repealing Directive 76/160/EEC.

然资本就比较可行。这意味着关注点几乎都聚焦于可再生自然资源，尤其是那些处于变为不可再生资源的危险中的可再生自然资源。有关临界值和安全限度的科学帮助我们分辨出风险资产，并且这些风险资产能够被放在一个风险登记册上。这些都是处于不能被可持续性使用的危险之中的资产。

一旦已经对风险资产进行了处理，下一步就是计算出哪些自然资产能够在临界值之上的范围中产出最大效益。这是经济学的用武之地。如果有关临界值的科学是不确定的，则有关整体自然资产的最优集合的经济学通常是冒险碰运气的。

然而，仅仅是因为科学和经济学是不完整的，临界值以其最优水平也有倾向被认为是不确定的，但是并不意味着它们因此就是没用的。由于这个问题就不采取任何行动并不是一个前进的好办法。相反，我们应该直面不确定性。价格机制可能是不完美的，但是他们通常优于替代品机制。这当中存在不可避免的成本，估值技术告诉我们关于不完美的人类该如何思考自然资本的大量信息。

第六章 自然资本定价与估值

自然资本的临界值由科学和生态学单位，即栖息环境、生态系统和物种共同决定。这些临界值即可再生自然资本面临的最小值。为了维持自然资本在风险警戒线之上需要相应的资本支持，而这些支持所带来的成本会与政企账目中的当期收益相冲抵。但是，政府和企业在为自然资本耗费成本的同时也会得到收益，这在处理以下两个关键性问题的时候表现得尤为显著：第一，"在什么情况下，既定临界值的可再生资产会遭受损害？"第二，"为了将自然资本存量提高至临界值之上，应该针对哪些特殊可再生资源设立什么样的目标？"

收益需要估值，并且要求能够以货币作为显性或者隐性计价单位。因此需要对自然资源进行定价，但定价行为却饱受争议。许多环保主义者对"万物皆有价"这一清楚的认知避而不谈。他们显然犯了错误：因为我们并没有足够的资源用来保护所有的自然资本。有部分自然资源的保护费用比其他更高，有些资源因能产生更多收益而比其他估值更高。经济估值的例子是强有力的证明，并且这一领域中，我们可以应用诸多估价技术。

这些估价技术，连同临界值和会计系统，共同组成了评估自然资本的一整套工具。

运用价格的例子

对于很多传统经济学而言，价格和成本被认为是资源配置的方式。市场是将需求和供给结合在一起的社会制度安排，当商品的价格和质量在人们愿意支付和企业愿意生产之间达到契合时，均衡就产生了，而需求和供给的改变通过市场自行调节。举个例子，原油供给的减少会导致市场油价的上升，高的油价反过来影响两个方面：在需求方面会有更少的人愿意且有能力购买；在供给方面引导企业搜寻新的石油储备。

价格、成本和市场的调节机制广为人们接受的原因，并不是这种安排的结果一定是理想的，或者资本主义存在某些深层次的道德优越性，而是由于市场这种调控机制相比其他手段更为有效。市场机制不需要一些能窥透全局的中央计划制定者去决定哪些对我们有利，比如决定应该生产多少辆汽车，以及哪些人应该持有这些车。市场机制是分散化的机制，它让我们每个人发出信号表明哪些是我们想要并且能够支付的，也使企业发出信号表明哪些是他们愿意制造和销售的，同时反映企业的生产成本。诸多买方和卖方通过市场协调他们的行为，而不需要国家或者某个独裁者告诉我们应该拥有什么。

市场是用来配置稀缺资源的。如果有某种东西不稀缺，那么就不存在分配难题。直到目前，享受新鲜空气对于所有人还是零成本的，因此在空气方面就不存在市场，也没有价格。许多可再生自然资源以这种方式被交易，比如鱼类资源，森林和没有开发的土地。但是，伴随着人类人口的增长和财富的增加，几乎所有的这些丰富自然资源开始逐渐面临压力。现如今人类几乎影响着整个自然界，对于没有价格且没有使用成本的自然资源，其使用者也就没有保护资源的动力。这就是自然资源为何会被过度开发而导致衰竭的原因。在越来越多的案例里，这些过度开发逼近临界值，甚至有些存量原本超过或十分接近临界值的资源，也被减少到了一个次优的水平。这就是经济无效率的结果。

著名的公地悲剧正是在缺乏价格和成本的情况下的一个例子。哈丁在他的"公地"案例中提出这一问题：一片牧场对所有食草动物不加限制开放，每个牧民都可以决定放牧多少头牛[1]。因为这一牧场是公共品，其使用成本为零——这是非常普遍的——即便超出可持续使用的临界值，增加额外的动

---

[1] G. Hardin, 'The Tragedy of the Commons', *Science*, 162 (1968), pp. 1243–8.

物也是值得的。每个人都不考虑其他人的行为，只关心一个问题：在我的牧群中再增加一头牛会有什么样的潜在利益？由于牧场使用成本为零，额外增加一头牛产生任何的正回报都是值得追求的。牧民们知道这是所有人都面临的激励，如果自己不多养一头牛则意味着别人会多养一头，所以自愿的节制就变得毫无意义①。每个牧民这样想的结果不可避免地导致了过度放牧和牧场这一公共品的崩溃。哈丁在分析问题时确实将整个地球和人口考虑在内，但他对一般的公共品和特定人口情况下的补救措施却是采用强制的形式。

公共资源具有显著的共性。许多自然资本都以这种形式呈现，因此哈丁问题切中自然资本政策的要害。相似地可以构造一个对所有渔民都开放的海域，有关捕鱼激励的故事，大西洋鲑鱼数目的衰减就是这么一个惨痛的教训。无论河流被保护得多好，尤其是通过私人所有权的形式，海洋的掠夺战争依然会继续下去。雨林的过度伐木也是个例子，如果树木都是免费的，只要伐木和运输的成本能够被弥补，那采伐行为就是值得的，直到雨林被砍伐殆尽。而抽水用于灌溉已导致西班牙河流系统的枯竭和中国荒漠的扩张。

农民在给作物灌溉、喷洒农药、除草剂和施氮肥的时候通常不需要对含水层和河流系统等稀缺资源付出代价，这就是为什么许多河流湖泊的状况都这么差，并且也解释了很多水系中富营养化的出现以及红潮的迅速爆发。农民们并不需要弥补他们对蜜蜂和其他授粉动物造成的损害，也不需要弥补因使用的化学药剂对自然资本造成的影响。

在缺乏价格体系的情况下，存在强大的动机使得可再生资源降至临界值之下。地球上环境恶化，公共品的悲剧比比皆是。对很多环保主义者而言，答案就是"保存"。保存意味着部分人应决定谁可以做什么，且在许多情况下更是简单地去禁止人们使用自然资源。我们应该建立国家公园、自然保护

---

① This is a version of the 'prisoner's dilemma' – faced with this set of incentives there is no obvious self- interested motivation to cooperate.

区，以及一些卓越的自然景观区域，以及海洋保护区，并且制定法律去约束人们行为以保存可再生资源。

这的确是目前经常实施的政策。自然环境被规划、控制和约束。但是结果并不总是尽如人意：整个世界的公共资源数量都在衰减，哈丁的问题仍未能得到解决。即使政府知道存在自然资源的安全临界值，偷猎者、伐木者和渔民依然有强烈的动机继续他们的行为。更常见的情况是政府对此一无所知，这一信息困境是可怕的。政策制定者和管理者如何知道保护哪些资产，该维持在什么样的水平？我们不能声称整个美国或者英国地区都是自然保护区。政策方针往往是非此即彼，即栖息地被保护或者不被保护，因而通常存在边界效应，即自然保护区附近的自然资源破坏严重。临界值方法只能选择性的保护部分区域，并不能普及所有自然资源，虽然其中有些已经面临风险。因此我们需要选择新的解决问题的方法。

尽管有些特殊的公共资源被选择保护起来，但由此面临第二个困难，即如何制定开发这些公共资源的配额和准入规定。在哈丁的例子中，他指出，这一问题几个世纪以来一直没能得到解决，"由于部落战争，偷猎和疾病使得人和野兽的数量一直处于土地的承受能力以内"。但这些马尔萨斯检验不再适用。现如今，人们需要决定公共资源的总承载力，哪些持有多少可持续产量，以及如何实施配额以避免毁灭。

埃莉诺·奥斯特罗姆因其研究公共品问题的社会准则而被授予诺贝尔经济学奖，然而这些社会准则的建立和维持需要特定的环境和条件[①]。但可以发现，涉及自然资本的公共品问题基本没有以这种方式得到解决，如果成功解决的话，自然的破坏就不会发生了。

在缺乏足够社会约束准则的条件下，有两种解决方案可以选择。第一条即由专家来决定。一些部门，比如国家公园部门、政府部门、美国环境保护署（EPA）、英国环境局、欧洲委员会或国家规划者等，在从"欧盟栖息指

---

① See E. Ostrom, 'Collective Action and the Evolution of Social Norms', *Journal of Economic Perspectives*, 14:3 (2000), pp. 137–59.

令"①到"美国濒临物种法案"等法律的支持下做出抉择。第二条道路则是通过设定价格直接运用价格机制，或者利用拍卖许可证的方式间接运用价格机制。

为了帮助计划者或调控者做出选择，我们需要一些估值准则。环保主义者认为选择有关乎我们根深蒂固的价值观，而这些价值观由我们所处社会环境决定，在这些价值观背后存在着特定的意识形态。许多环保主义者认为正确的社会形态应该是分散的，并且应有极低的消费水平。但若是非环保主义者不愿意生活在他们所倡导的社会中又该如何？环保主义者需要说服其他人。也就是说，这一问题最终变成了政治问题。同样的，让专家选择哪些自然资本需要保护，哪些不需要保护，这也缺乏民主。

关键是，专家有义务告诉我们临界值、不确定性和风险的同时，科学可以提供的最好建议和估值及资源分配之间存在一个分歧，这就引出了哪些资产可能被损害和应该设定哪些目标两个问题。这是一个经常被争论的分歧。以天气变化为例，科学专家的职责在于给我们提供面临温室气体排放不断增加引起的后果的建议，以及在哪种程度下要为气温变化负责。科学家建立气候模型，对全球温度做出预报和预测，并试图预测气候改变如何影响世界不同地区。他们可以提供不同的排放路径对气候的影响。升温两度就是个被频繁引用的临界值。

到目前为止，没有价格和成本——只有科学。接下来的步骤却是多种多样的，针对排放，我们应该采取什么措施。不同的应对方式会导致不同的预测结果，但是不顾及成本和收益，随意挑选解决方式并不是很合理。正如一些经济学家建议的②，如果减少排放的成本低，那么大幅减少就变得有意义；而如果成本过高，则最优策略就不同了。中国在过去二十年本来可以少

---

① Council Directive 92/43/EEC of 21 May 1992 on the conservation of natural habitats and of wild fauna and flora.

② Nicholas Stern is a leading example of an economist in the 'low costs' camp. For a critique of Stern's analysis, see D. Helm, *The Carbon Crunch*: *How We're Getting Climate Change Wrong – and How to Fix It* (London: Yale University Press, 2013).

消耗煤炭，而不会导致自1990年以来排放量的持续增长，但是那样就意味着中国的经济增长将放缓很多，成千上万的人们仍然生活贫困，这就是关乎如何进行解决方案的选择。

跨越科学和经济学之间的界线，科学家作为特定政策的倡导者不能避开估值和成本。每条减少排放的途径都与成本和收益相联系，每条限制雨林伐木的措施都有着成本与收益。花费在减少碳排放量的经费正是来源于消费者的能源费用。这笔费用不是来自为了其他目的课税所得，或将之花费在其他商品和服务上。事实上，在气候改变的政策舞台上，正是由于现实的消费者账单才使得目前有些更加昂贵的"可再生资源"刹住了车。比如海风，这些"可再生资源"被很多科学家提倡，但他们并没有考虑人们是否愿意或者有能力为其支付，或者这些"可再生资源"是否或能够解决那些问题[①]。

在配置资源以保护不同种类自然资本的过程中，我们不可避免地需要综合考虑成本和收益，而且这也是很容易做到的。这要求在科学和经济间划分界限，且需要科学来明确临界值、在险资产和不确定性，并对生态系统和不同资产间联系的复杂性提供一个解释。但更多地希望科学告诉我们该怎么做——哪些资产需要保护，哪些可以允许恶化，哪些需要增加至一个更高（最优）水平。而这就意味着自然资源要么是定价，要么是定量配给。并且很容易看出定量配给的方式也隐含了需要确定价格，因此我们确实需要为自然定价。

价值和价格

伦理道德意义上的价值判断和价格并不相同。价值判断五花八门，人与人之间有所差异，坚定的环保主义者持有的价值判断和自由派或者保守派所

---

① One scientist who has confronted the question of whether current renewables could solve climate change is David MacKay, see *Sustainable Energy – Without the Hot Air* (Cambridge: UIT, 2008).

持有的也不尽相同。价值判断是结果，价格是手段。解决自然资源的问题需要确定成本，成本则隐含价格。

至于公共品的难题，可再生资源被消耗至临界值之下的原因在于资源本身不具备经济价格，或对使用者而言没有成本。牧民使用公地不需要为此支付什么，公地可能被认为有伦理道德意义甚至是精神层面的价值，但是它对所有人的使用皆不予限制，并且牧民们只关注自身的边际成本而不是这项资产，在没有社会规范的情况下，牧民们经常将土地变为了不毛之地。

假设在鱼类资源的例子中为这项自然资本赋予价值和价格。渔民捕捞鱼类必须在保证存量在安全临界值之上，当然可以存在一定的偏离。如此多公吨①的金枪鱼、鳕鱼、鲭鱼、鲱鱼和鲑鱼可以给予一个明确的配额。一公吨配额的价格可以通过拍卖得出。渔民们会为了取得捕捞一公吨的配额参与竞价；或者调控者可以设定一个价格，这一价格水平下限制捕鱼数量以保持鱼类资源储备在临界值之上，调控者可以根据调查情况对价格再行调整。在许可证的竞价过程中，市场确定了价格。在这一定价例子中，市场决定了数量。

在欧盟公共捕鱼政策中就发生了类似的事件②，科学家们被召集过来咨询可持续的存量水平和最大产出水平——即欧盟成员国的水域中每种鱼类捕捞多少公吨才最为合适。然而欧盟委员往往对科学家的建议充耳不闻并且分配过多的配额，这一事实是政策上而非科学上的失败。如果政客们愿意执行哈丁的强压措施，公地悲剧就可以被避免。

欧盟委员会没有深入思考如何分配总的可捕捞数配额，他们应为此担责，美国和其他一些国家在个人捕鱼配额的分配上也一样。如果采用竞价方式，谁得到多少的配额就清楚了。然而，如果政客们分配给渔民捕鱼配额的

① [计量] 公吨（1000公斤，等于metric ton）。

② See European Commission, 'The Common Fisheries Policy', at http://ec.europa.eu/fisheries/cfp/index_en.htm.

同时没有附加成本，那么渔民们有动力尽可能要求更多配额。零成本的配额使得渔民为最大捕捞量去游说，因此，渔民们不愿意开放竞价拍卖捕鱼配额也就不令人惊讶了。

保存和保护自然资本的核心在于为自然资源定价。这是一种强制的行为，它使人们必须去支付成本。到目前为止，我们假定价格如果足够高的话就能把资产储量保持在临界值之上。但是这其中往往更为复杂，有些自然资本允许降至临界值之下，而另一些资源保持在临界值之上则更有利。临界值只是简单地告诉我们什么时候资产面临着从可再生资源变成不可再生资源的风险。我们的基本要求是自然资源总量不再下降，但其中有些资源会增加，有些则减少。考虑更深层次的复杂性，在总的自然资源保持在临界值之上的同时，其中一部分被损害，而另一部分被加强。我们以一个栖息地或者生态系统为思考单位，而不是某一个物种。比如一个国家公园就可能允许一些住宅开发，但同时降低畜牧的强度。

计算价格

因此，特殊的自然资本需要被定价，但是到底该如何计价呢？这里就要引入成本—收益分析法。经济学家在成本收益的基础上建立一套非常复杂的工具以得出价格。在典型的市场上，价格作为分散市场的结果反映了成本和收益，但是大多环境资产并没有市场，因此经济学家尝试去找出在什么样的市场上价格一直存在。这里存在着两条路径：从需求方面着手，尝试算出消费者愿意支付多少或者他们愿意接受的损害程度是多少；从供给方面着手，尝试找出成本。在完全竞争市场经济下，从供给侧着手和从需求侧着手能得到相同的答案，但是在不完全竞争市场下，结果往往不同。

经济学家喜欢从偏好开始分析，因此成本—收益法则从需求侧开始，分析者面临的问题和市场研究员面临的问题相同。假设一个饼干生产商制造出了一种新的产品，比如说一种介于消食片和姜汁饼干的小点心，我们暂且称之为"消食姜饼"，它会成功地迎合吃饼干的大众吗？为了解答这一问题，饼干制造商可能会请一个市场调研公司做调查，调研公司会做一系列试吃测试，询问人们一些早就准备好的问题来看看他们对消食姜饼的喜爱程度以及他们愿意为消食姜饼花多少钱。这样饼干生产商就可以决定是否生产这一新点心，以及给饼干定价。

现在我们考虑没有标价的自然资本，历史上存在很多例子，在对环境有很大影响的重大项目上人们做出了很多选择，从大规模的基础设施建设——比如美加之间的基斯顿石油管道系统，到住宅建设项目。举一个本土的例子来解释成本—收益分析法在自然资本选择上起的作用。几十年前，英国交通运输部考量将M3高速公路从伦敦扩展至南安普敦的可能性。特怀福德丘陵地带就正位于两地之间，这是一片非常棒的白垩草原。为了扩展这条高速公路，运输部面临的选择或者是笔直地穿过这一丘陵，或者从下面挖条地道（绕开丘陵这一选项无法实现）。每种选择的成本都未知，如果不扩展这条高速公路会导致因交通拥堵，持续不断地带来成本。笔直地穿过特怀福德丘陵将是最便宜的选择，这点毫不出奇，仅需要动用推土机和搬运很多泥土而已。相比而言，建一条隧道开销就更大了①。

那么这个丘陵价值几何？或者说保留它需要花费多少？向人们询问他们对这一丘陵的珍惜程度是个明显的开端，但是这一问题却是充满困难的，好比问消食姜饼的潜在消费者是否愿意买这个点心而没有告诉他们要买的是什么一样。每个受到M3高速公路扩展计划影响的人都可以看到这是基于他们利益给出战略性的答复，因为不是他们要对隧道承担费用。在市场调查中不得不考虑价格因素，并且要运用精细的方法。

这并不是一个简单的任务，调查者首先需要考虑应该问哪些人。我偶尔

---

① These are roughly the same choices that the DFT faces today in the case of the HS2 rail line, which will run from London to the north, cutting through the Chilterns on the way. Given that the option of doing nothing has been discarded, it is all about whether and, if so, how much to tunnel. The question then is whether the value of Twyford Down (or the Chilterns) is likely to be greater than the cost of the tunnel.

会去这条新高速公路附近的温彻斯特，在伊钦河边钓鲑鱼。钓鱼的时候我能听到高速公路上的嘈杂声音，是否我的偏好也应该被考虑进去呢？还有那些关心特怀福德丘陵的存在但基本不会去那里的人呢？我关心帝企鹅，但是我可能从没去过南极洲见过它们。

第二点就是信息性和框架性的问题。假设我并不知道这种白垩草原对于一种昆虫生存很重要，这种昆虫我以前从未听说，或者对一种植物很重要。如果研究者向我阐明了这些重要性，这些信息是否会改变我对这一栖息地保留价值的看法呢？因此，明确的问题设计很关键，研究者提供的信息也同样重要。选择被"设计"好了，结果将取决于如何去做。

伊恩·贝特曼是一位在成本—收益分析领域资深的英国专家，他认为这些困难太严重以致要对结果的有效性提出质疑，特别是对于野生动物的非使用存在价值以及生物多样性而言[①]。在一个非常有趣的试验中，贝特曼让一位学生在第一天穿上三件套，在接下来一天穿上T恤和牛仔裤。经过整个暑假进行关于支付意愿的采访，结果表明，对穿三件套时得到的支付愿意反馈要比穿T恤时高三倍。

这些弱点需要我们谨记，但我们也要认识到信息的价格并非是零，因而存在一个明显的问题：哪个决定会更好——这留给专家去判断。决定做出后，很多不确定性就是地方性的了。目前的方案存在困难并不意味着替代方案会更优。让政客和专家不依赖于证据去主观做决定存在着缺陷。环境的当前状态很难证明专家的方法有效，且实际上揭示了游说的压力和既得利益。

幸运的是，评估支付意愿和进行调查并不是解决估值问题的唯一方法。回到特怀福德丘陵的例子上来，那里的房子有着很棒的视野，赏花，看蝴蝶和野生动物都非常方便。因为所有者愿意为地段支付更多，所以这些房子有

---

① See, for example, I. J. Bateman and J. Mawby, 'First Impressions Count: A Study of the Interaction of Interviewer Appearance and Information Effects in Contingent Valuation Studies', *Ecological Economics*, 49:1 (2004), pp. 47–55.

着很高的估价。与其问人们愿意花费多少来保护丘陵，我们可以看他们通过实际支付表现的偏好。房屋的价格（并不完美地）将人们关于地段的估值资产化了。

另一个选择就是看自然资本上的开销。许多人使用特怀福德丘陵，但并不长久地居住在那儿，他们只是过来旅游，在那里遛狗，研究植物，观察鸟类，锻炼，更普遍的只是喜欢这个地方。我们可以计算他们在旅途上的花费，包括时间和车费，或者到达那里停留的时间。如果他们的时间被认为占他们工资率中的一定比例，根据他们花费的时间，对此做一个估值，这样就能更进一步看出丘陵对他们的重要性。

为避免我们在精确估值上停滞不前，得出大概的估值也是非常重要的。在特怀福德丘陵的例子中，需要辨别的就是这些价值是否能比隧道的额外成本花费更少。在此例中很难想象，其他任何的方法会产生如此之低的成本（在那时少于9000万英镑）①。因此，从经济的角度考虑，更适合选择隧道为M3拓展，而更多的自然资源也会得到保护。然而毫无疑问的是，政府部门要为没有做出以上比较分析而负责。

建设项目会损害环境的情况很多，特怀福德丘陵只是其中的一个，在这些情况下成本和收益应该被衡量。和地下电缆、铺设石油管道一样，挖掘隧道避免了损害。有关梯形管道将加拿大的沥青砂油运输到墨西哥湾的激烈争论是目前例子中最复杂的一个。并不仅是因为沥青砂油的全面停止带来碳排放和气温变化的实质性争议，还考虑其他可行的选择，每项选择有着不同且通常更高的成本。如果不铺设这条管道，加拿大就要建一条新的管道通过落基山到西海岸，线路改变后能避开很多脆弱的环境区域。然而环保主义者常常通过非白即黑的准则去看是否有进步（正如需要强持续性所显示的），而现实通常涉及更复杂的权衡取舍，这一过程中数量、成本和价格高度相关。

---

① The planning process for Twyford Down has spawned a large literature. For an overview of some of the many complex issues, see B. Bryant, *Twyford Down*: *Roads, Campaigning and Environmental Law* (London: Routledge, 1995).

为污染定价

特怀福德丘陵的例子是在特定项目上做出决定，是否实施，以何种方式实施。有些项目损害了自然资本，因此需要考虑补偿以保持总自然资本的完整性，而另一些项目会直接增加自然资本，考虑成本和收益仍然很重要。在工业城镇附近种植一片林地，在城市中建造一个公园或者扩展社区农圃都有经济效益，这些效益根据地段而异。这些项目也有成本：本可以花在其他方面的资金，项目的效率也即既定成本的最高收益——最高的净现值。

确保污染的损害程度反映在价格上，使得损害的成本通过对污染税（并给予津贴以鼓励正外部性）内化于政府、企业和个人的决策中。这种方式只是政策工具中的一部分。

造成污染的人应该对此承担费用，这样说起来很简单，但是计算出到底应支付多少则是一件更困难的事。许多环保主义者只是简单地反对污染，想要排污得到禁止。然而禁止排污是一个十分激进的措施，事实上所有的经济行为都或多或少有一些污染。正确面对污染的成本并不等同于禁止污染。除非环保主义者的绝对价值观被加诸于经济中，否则最优的排污量并不是零。肥料的使用，动物粪便的产生，建房，修路和轨道对环境带来的负面影响都有可接受范围。问题的困难之处在于可接受范围是多少？如果对污染不征税，则排污的成本就是零，那么造成的污染就会很多。因此，对所有的污染行为而言都需要一个标价。

考虑两个截然不同有关污染定价的例子：每一公吨碳排放的边际损害和每一公吨化肥使用的边际损害。碳排放的例子很容易处理，在哪里排放碳氧化物并不是关键，在伯明翰的一公吨碳排放和在芝加哥或者是北京带来的结果都一样。我们需要对全球的碳排放征税。额外一公吨能造成多少损害？答案需要考虑到二氧化碳指标，并估算将二氧化碳排放量控制在国际气候变化论坛科学家所提出的升温2摄氏度临界值以内，同时考虑相关大气中二氧化碳最大浓度。这可以通过设定总的排放量达到，继而拍卖许可证直到界限水平。这的确是欧盟排放贸易计划对每个欧盟成员的碳排放目标所做的事（虽然被证明是一个非常糟糕的计划）[1]。或者也可以通过征收碳排放税达到目的。

现在我们思考施肥的例子，这和碳排放的例子有很大不同。施肥的影响因环境而异，在清澈的小溪旁边施肥，水里含有很多水生动物且含氧量极高，那么影响会是灾难性的。现考虑已遭受重度污染鱼虾绝迹的河流上的施肥，最初位置的边际成本是巨大的，而后的边际成本就微不足道了，因为没有什么可以破坏的。考虑含水层、其他污染物的密度和离海的距离后，地理位置就变得很重要。在草木茂盛的古老草地上施肥，比如白垩丘陵，对生物多样性的影响会是毁灭性的。而对于东安格利亚集中开垦的田地或者是美国的谷物带，影响就会少很多，因为很早以前就已经遭受过损害。

随环境而变的边际成本越多，污染者面临的成本就越复杂。此外，现存污染越大，再污染的边际成本就越少，因此制造最初污染以减少后继税收的反常激励出现了[2]。这是个很重要的激励问题。

在施肥的例子中，很容易就得出税收不会起作用这一结论，需要的是直接管制。但是请注意，由于有多变的边际成本，这一问题并不会消失。设定规章制度处理污染并不比赋税更简单。问题是一样的，同样信息也是如此。实际上低污染的空间是理论意义上的，现实中存在一些限制施肥的硝酸盐敏感区域甚至一些禁止施肥的其他区域，这对应于对这片区域征收更高的税。明智的政策应该包括一个定基的施肥税和其他的限制，前者是设定价格激励，后者是对总的策略空间进行限制，这些明智政策可以在本书的第三部分看到。

---

① See Helm, *The Carbon Crunch*, pp. 182–6.

② Note how this perverse incentive arises in the case of protected areas around cities. It is argued that since it has been degraded, it can be built on without much additional environmental damage. Similar examples abound in respect of agricultural land. Farmers sometimes plough in advance to avoid restrictions – for example, 'removing the evidence' of wildflower meadows before they can be protected. In the case of the US Endangered Species Act, faced with the prospect that a species might be listed, the perverse incentive to prevent this is known as 'shoot, shovel and shut- up'.

价格和自然资本价值

计算出污染的边际成本对资本价值的影响，落实到污染税收上。所有的价格都被资本化。资产的正确资本价值是将所有的环境因素考虑在内，资本价值是资产在未来产生的成本和收益贴现到当期的净现值。

举个例子，一公顷基本农田假定用来种小麦，它的资本价值是多少？首先，这片地带来收入，等于每公顷田地产出的小麦数乘以小麦价格。农民得到收入的同时，也产生了成本，成本包含拖拉机、耕种机器和联合收割机的使用费用，此外还有种子、杀虫剂、除草剂和氮肥的成本。

假定每公顷田地每年产出麦子的价值是500美元，支付给承包作业的成本是300美元，种子是50美元，得到利润为150美元。对于每年产出150美元的一块地要支付多少钱？你要考虑你的选择：你可以将钱存在银行收利息，比如2%的利率；你也可以买股票，可能会有5%的收益率，这两种选择都比将你的资金暴露于多变的天气上有更少的风险。因此，你要求10%的收益率才会将资金用在农田作业上。对每年150美元以10%进行折现得到每公顷耕地的价值，即得到1500美元每公顷。

现在假设农民被强制面对施肥过程中硝酸盐流入河道造成的污染，假如这一边际成本约为25美元每公吨，并且每公顷有一公吨的污染。现在成本上升为375美元，则利润下降至125美元，那么农田的资本价值就变成1250美元每公顷。

这一简单程序化的例子解释了为什么农民会对税收如此仇恨，它减少了耕地的价值。事实上，农民工会对税收非常仇视，这一结论来自美国农场事务联合会和在英国的全国农民联盟的反复游说[①]。但是它有个更广的含义：自然资本的价值是环境影响也即外部性的净价值，而非粗略加总。

考虑第二个例子：引言中提到的埃克斯穆尔高地泥炭和泥沼的价值。丘

---

① For a discussion about US agriculture see B. L. Gardner, *American Agriculture in the Twentieth Century: How It Flourished and What It Cost* (Cambridge, MA: Harvard University Press, 2002).

陵上只能养绵羊和牛，且数量密度非常低，因此每公顷耕地价值非常低。农民没有从这样的土地获得多大收入，因此理论上应该很便宜。但它提供了额外的生态效应，如减少下游洪水的发生率，提高了生物多样性，这也是"收入"，且应该被资本化入自然资本价值中。

加入各类的环境效应将会改变价值，但这个案例没有对临界值和在险资产进行考虑。我们可以用经济学工具箱中的各类计算方法做成本收益分析，由此得到一套合理的价格，这一系列价格将收益和污染以及其他成本内在化，继而经济将以通常方式分配资源。价格修正是很多环境经济学在20世纪做的事，由于这个原因，自然资本的概念几乎没有起到任何作用，它只是资本，且它是在修正价格下的回报现值，其中价格是关键。

对自然资本而言，简单的修正价格是不够的，原因在于两个方面：第一，总自然资本要满足特别的可持续标准需要界限限制，因此自然资本不得不在资产基础上定值；第二，即便没有约束，临界值附近也会存在不连续性，这是个更深层次的限制。回想一下，对可再生资产而言，在资产的存量到达临界值的这个点之上时，自然以零成本提供了持续的生态效应。在这一点上存在不连续性，并非增加边际成本。当资产的存量接近这个点时，它就变成在险资产，根据可持续的标准，它值得特别关注。仅当其他自然资本有补偿性增加时，这一存量才能被允许降至临界值之下，而这很可能被证明难以达到。

在临界值上的不连续性有很多独特原因十分重要。其中一个原因是，临界值一旦被打破就无路可退了，因此选择价值就被摧毁了。资产在未来可能会有现在不能理解的特性，它可能有医用价值。未来人类可能会以目前不能理解的方式享用这些资产。和生物灭绝一样，临界值也有一个激励风险规避的结局。第二个原因在于打破自然资本会有更广的生态影响。因为人类在这一角色中从未表现得很出色，剿灭了狼群意味着鹿的天敌变少，鹿群过度繁殖导致了树林和森林的灌木系统毁坏，继而减少了其他生物的栖息地。在这个例子中，可以通过再引入狼群以维持临界值，尽管狼群会食用家畜和鹿（偶尔也会袭击人类），但引入顶端捕食者并不总是通常的做法。

现在看到自然资本法和传统的成本收益分析法的结合变得可行，成本收益分析法提供一个经济框架，在这个框架下鉴定潜在的项目，将成本和收益合并入资金的公分母中。这使得我们在考虑总的自然资本法则前看到项目的哪些地方是经济有效的，这是第一步。

第二步是更广泛地应用经济估值工具：构建所有经济行为的外部性价格，包括正的和负的外部性，原则上这是完整的一套环境税收和补贴制度。从而，经济行为外部性可以通过资产价格资本化，同时对贯穿整个经济的自然资本给予正确的价值，且为国家资产负债表和国民收入核算打下基础。

第三步是将加诸于资源分配顶层的限制合并起来，这些资源分配源于第一步（挑选要做的投资）和第二步（修正价格）的结果。合并的限制意味着，即便有项目通过了成本收益分析，如果它们削减了自然资本存量且没有足够补救措施足额弥补，那这些项目仍然不尽人意。这种特定资产的限制说明了何处的可再生自然资本正面临临界值被打破的危险。除特定情况下，这些在险资产应当被保护起来，并通过收益评估及补偿选择权得以了解。基于以上两个特殊原因，在险资产在两个方面有优先权：选择权价值和生态系统影响。然而最后有关生态系统的一点使得这三步落实到政策的过程中产生了阻碍。边际分析和系统并没有良好地合并在一起。

系统和成本收益分析

经济学家痴迷于边际和边际改变量。基础的课本教导学生在完全竞争条件下，价格等同于边际成本，并且顶级的现代经济理论已经证明一个分散的完全竞争经济是有效的，在这类经济下会进行所有可能的交易以达到最终平衡，这种平衡下无法做出改善使至少一个人条件变好而不损害其他人。用经济学术语表示，就是"帕累托效应"。

对于非经济学家而言，这是平平无奇的。它反对很多改变使得一部分人变好而另一部分人变差，但是很多现代民主政治就是这样做的。致力于建设社会和满足人民基本需求的社会基本物资应当给予优先，这些资源包括自然资本都是经济体中的核心基础设施资产。但估值的真正问题在于它不是考虑整个体系的改变，而仅有关于边际上的改变。

对于科学家而言，环境由很多生态系统构成，其中含有多样的生物，并且生物之间互相依赖。一个竞争性的经济中也有这样的特性，它是由一组价格向量构成的系统，这些价格根据既定参与者的选择和决策而调整。竞争性一般均衡就是消费者和生产者个体选择的结果。诚然，供给和需求的契合是在无竞价成本的假定下得到的，这一机制称为亚当·斯密所说的看不见的手。竞争均衡因此承担了市场的系统角色，在同一基础上交易各种资产，依据他们的边际产量进行分配。最后，排除了一些资产会被其他形式资本替代的可能性。

再思考这个例子。位于伦敦中心的圣詹姆斯公园是一片绿地，周遭屋舍林密。它和纽约的中央公园以及世界的其他城市公园有着很多相似之处。圣詹姆斯公园有很多小径供人们休息和锻炼，有着自身的动植物群，并且可以一览国会、白厅街和白金汉宫。现在对公园的一小块角落进行边际分析，如果将几平方米卖给富人用作建造房屋会怎样？那肯定相当值钱，卖掉的钱可以建一所新的医院。公园剩下的部分保持原样，出卖一小片角落没有什么特别大的影响。这种争论目前正在用于支持使用保护地建新住房、蚕食国家公园、入侵热带雨林的行为。

问题在于一旦那一小块地被开发，原来那部分乃至圣詹姆斯剩下的土地都变得富有争议了，中央公园也一样。紧接着，公园的边际价值将不断攀升，更多的部分将被卖出，即便如此，富人们有能力购买的数量也很大。公园剩余的部分越少，反而越有价值，很快地，整个公园就只剩一小片草地了。关键是，它已经不再是我们所知的圣詹姆斯公园了，而仅是一小片草地①。

---

① There are other aspects of this example that we return to in chapter 9. In particular, it is what economists call a *public good* – my enjoyment does not encroach on yours up to a congestion point. This turns out to be very important in the economics of protected areas.

很显然，这里就有问题了。这些系统是构筑整个自然资本基石的关键，但边际分析法对他们却不像特定项目或者特定种类的污染那样适用。有很多种方式去描绘和分类生态系统，科学家们也已开发出了复杂的模型工具可供经济学家使用。在将这些模型工具应用到主流经济中时，一种思考的方式就是作为环境基础设施来考虑。河流、土地、空气和海洋资源组成了栖息地这个系统，这些系统是有着很多自然资本相互连结在一起的自然基础设施，系统之间也相互联系，但是，将整个自然环境视为一个有着生物多样性的完整的系统仅仅停留在认知阶段。

总环境法的困难在于它没有给予我们很多着手之处以决定如何维持和增加自然资本。将自然资本作为经济的一部分理解需要进行一些分解，如同将电力和铁道系统分别对待一样的方式，尽管后者依赖于前者。虽然，经济中所有事物都依赖于其他事物，但是，分开讨论生产者、消费者、企业、网络和基础设施仍然是有用的，甚至在完全竞争的理想模型中依然可行。在自然资本的例子中，对种群、生态系统和栖息地进行区分并辨别他们的差异仍然是有用的。

在不同的自然基础设施——水、土壤、空气和海洋之间进行区分是有帮助的，如同分离运输、能源和社交网络（虽然其中没有一种能独立运作）是有用的一样。整个系统的特性将被理解为一个结果，当落实到政策上时，需要将之考虑入内。整体大于部分之和，但将组成整体的重要部分拿出来进行理解和评估却仍是有用的。

对系统的识别限制了边际分析的作用，尤其是限制了成本收益分析法。在既定的系统的条件下，这通常和项目及成本和收益的特殊估值有关。但它可能并不是表面上看起来那样的搅局者，相反和前述的三步法吻合得非常巧妙。如果自然资本的整体层面没有恶化，那么我们目前的环境基础设施也不应该恶化。并且如果这是真实的话，在既定现有系统及其不会恶化的前提下，我们的任务就变成如何对这些系统做出边际改善。系统以生态系统临界值和特定部分自然资本的临界值作为基础而得到防护。

关注现有环境基础设施中的改变有几个优点：它使得我们把注意力集中在思考有助于整个系统的边际改善上，且使得我们知道环境基础设施如何作为一个整体嵌入更广的经济基础设施中去。实际影响在于，基于汇水区、入海口和野生动物走廊，需要增加对自然资本计划进行考虑，并且无数特定的和本土的项目计划可以融入一个全局一致的战略中去，这一战略将增进总的自然资本。

所有的这些都没有回避对自然资本估值和定价的需求。所有的决策都嵌入了很多选择，而这些选择都包含了成本和收益。对自然资本比对其他形式的资本更加困难这一事实，并不是让你躲在科学家、政客和调控者的专家判断之后，或者否认自然有价格来装作其他派别的一个借口。公共品问题、系统的问题、框架争议以及不完全信息都是挑战，这些挑战需要得到注重实效的处理。相比依赖于那些利益相关人士和屈从于游说与监管俘获力量下的那些人的判断，一个粗略的正确处理会更好。我们需要的是制定政策方案，以足够灵活地应对估值问题带来的不可避免的不确定性。

第七章　损害补偿

在之前的部分我们有了自然资本的总体规则作为目标，同时也有了会计、测量以及估值作为工具，下一个步骤就是设计一些政策，把经济从不可持续的路径上转变到一个符合规则的路径上来。在发展过程中或者污染的事故中，一些自然资本不可避免地将受到破坏，为使自然资本保持一个比较好的总量水平，我们应该怎样处理这些特定的状况呢？

直观上来看，补偿是解决这类问题非常具有吸引力的方式。美国的一些重大案例处理，比如发生在阿拉斯加威廉王子湾的埃克森公司瓦尔迪兹石油泄漏事件，以及发生在墨西哥湾的深水层爆炸和漏油事件，补偿都在经历了漫长而又昂贵的法律程序后才实行。在这两个案例中，被告方有较强的财力，事件的前因后果清晰，受害者和相关环境机构都可确定。但对于许多其他自然资本，特别是那些不被私人拥有的自然资本，以及对于那些没有像美国一般拥有法律传统的国家，这样的补偿很少发生[①]。

原因是多方面的。补偿制度并不像第一眼看上去那么简单——即使是在上述两个案例中。补偿的顺利实施取决于产权对于责任人的界定以及对于损害的修复机制。没有一个因素是容易解决的。产权很少能被完全地定义；毫无疑问，污染者和开发者会抵制补偿的费用；估值也是不完美的；而且许多自然资产是独一无二的。梳理清楚补偿者，补偿的内容以及被补偿者都充满了困难。

---

① On the Exxon Valdez disaster see http://www2.epa.gov/aboutepa/exxon- valdez- oilspill-report-president- executive- summary. The disaster spawned a large literature on the valuation of the damages. See C. L. Kling, D. J. Phaneuf and J. Zhao, 'From Exxon to BP: Has Some Number Become Better Than No Number?', *Journal of Economic Perspectives*, 26:4 (Fall 2012), pp. 3–26.

补偿制度与产权

从经济角度上，补偿制度与产权是息息相关的。如果在一个经济体中，所有的资产都被持有，那么任何对于资产的损坏都会伤害到资产所有人的权益，因此资产所有者有权索取补偿。产权被定义为独家使用权，包括防止他人损害财产以及使用上的竞争性（我使用的同时排除你使用的可能性）。这些特征使得一个商品或服务是私人的而非公共的。纯产权是排他的和竞争性的。

这在理论上是很完美的——如果任何人或公司损害了他人的财产，就必须补偿。损害通过法院或在市场内部化处理，而资源分配的问题也由此被解决。在实践中，几乎所有产权的定义都是有条件的、不完全的，而且社会利益和私人利益几乎总是有分歧。

让我们先从不完全产权、排他性以及竞争性的正式定义开始入手。排他性是分离原则。它设想一种资产带来的所有好处都可以完全归于所有者。这就意味着没有外部性——资产对任何没有付费的他人没有任何好的或者坏的影响。稍加思考我们就可以发现没有外部性的资产是极少数的。在自然资本中，尤其是可再生的自然资产，外部性一般非常大，有时占主导地位。因此，自然资产的所有者面临过多的政策干预——法规、税收、政府规划等，这在很大程度上削弱了"纯"的产权。

竞争性使得商品私有化。然而，许多商品在经济意义上是公共品：我的使用不影响你的使用，因此增加一个消费者的边际成本为零。在这样的情况下，限制其他人的使用是低效率的，直到商品的使用量高到一定的临界值，使得商品变得不可再生和公共品问题的出现。一个自然保护区的私有制，排除了社会公众的参与，也排除了其他人以零成本得到的好处。并没有可能获得尽可能多的效益。如果所有者从知道别人不能拥有的对比下获得愉悦，此时偏好将不再是分散化的，所以也是无效率的。富人因穷人不能拥有和他们一样多的财富这一事实而感到喜悦，并从中得到一种优越感。从中世纪的国王保留私人花园来获取个人的享受，到海岸的私有化，这样的事已经有了很长的历史。

事实证明，几乎所有可再生自然资本都具有公共品的特性，污染外部性也无处不在。回想前面章节的例子。格陵兰岛周围的海洋中的三文鱼是公共品。沿着河岸产生大量污染的生产活动有着负外部性，大量污水与污染物进入河流对人们的生活产生负面影响。泰晤士河，没有鲑鱼游入其水域的原因是它变成了一个开放的下水道。埃克斯穆尔沼泽的管理具有正外部性，一方面能防洪从而保护埃克塞特下游的人民财产，另一方面又能增加生物多样性带来的公共利益。在布赖尔岛上的矮三色堇是经典的公共品。纽约中央公园和伦敦的圣詹姆斯公园也是公共品。

由于产权是所有市场体系的核心，同时是市场发挥作用的必要条件，因此，产权的削弱是主要的市场失灵。这就是为什么需要一个市场参与者认同的补偿政策。后续章节将着眼于通过税收和补贴来解决外部性带来的问题和其他公共品的提供，例如重点保护地区、公园、自然保护区。这些政策手段用于纠正市场失灵，主要侧重于外部性的内生化和公共品提供。

其中，非竞争性意味着，私人公司没有动力提供非排他性的服务，因此需要向用户收费。从理论上讲，如果有关排他性和竞争性的市场失灵被处理，那么市场自身应该能有效地分配资源，我们应该更少地干预市场。

补偿制度，除了解决由产权问题带来的市场失灵问题，还有以下两个功能：第一，维持赢家和输家之间的公平性，因此强调分配效应；第二，强调自然资本带来的具体问题，特别是在总的自然资本原则方面。补偿主要局限在一些案例中，这些案例有两个特点，提议的发展计划中对于自然资本有直接影响，并且自然资本的损失是可界定的。因此，正如上下文中所提到的，世界各国政府都致力于大规模地建设住房和发展基础设施，其中许多都可能对自然资本有巨大的不利影响。现在的问题是，是否这些不利影响（人造资本对自然资本的替代）可以被妥善解决，同时使总的自然资本存量不受到破坏。

自然资本需要一种特殊的补偿机制。在经济学的一般情况下，补偿可以是任何形式的，也可以通过一定的货币金额来衡量，这笔金额将用于对其他方面的改善。一个住房开发项目可能会破坏稀有植物赖以生存的水草甸，从而威胁它们的生命。这种破坏程度被量化，从而破坏者必须支付补偿金，而这笔由补偿得来的资金可以用在学校、道路或减税等任意一种不受约束的项目中，以求最大化回报，由此这样做是最有效的。同样地，从开采北海石油得到的收入可以被用来减税、支持医院运行或作为福利补贴。在具有无约束的供给曲线的项目上花钱时，有效的解决方案是选择那些具有最高回报的项目。

如果自然资本总的原则必须得到满足，这种不受约束的做法就并不合适。如果特定的可再生自然资产被损坏，仅当存在一个对其他自然资产的补偿性的改进时，项目可以继续，这种改进带来的好处必须能充分地平衡之前对自然资本的破坏带来的伤害。两者必须有一个充分的抵消。这对于可再生能源有可能实现。而对于不可再生能源，弱自然资本总原则允许用任意类型的资产对自然资本进行抵消性补偿。而强自然资本总原则要求用可再生自然资本进行补偿。

补偿的主体

自然资本的补偿原则说起来容易，真正执行起来却很困难。如果真的能够实施，那将是革命性的变化。但由于禁止任何改变，这是唯一能保留自然资本总量的方法。为了反对自然资本补偿，一部分人站在环境原教旨主义的立场上（甚至认为恢复自然还包含追溯补偿），或者承认自然资本总量可以允许被减少。但是事实是在实际生活中很少有对自然资本的补偿，如果有也是极少的例外，而不是规则。在人们的衡量中，额外的基础设施、学校和其他对当地有好处的人工建设往往比对自然资本的补偿更重要，甚至对于可再生的自然资本也是如此。

为什么？最明显的原因是，如果要求为发展付出补偿，这些开发的人会遭受损失。这些人包括许多强有力的利益集团——房屋开发建造商、农民、石油公司以及其他施工单位。他们的游说主要集中在如果实行补偿，他们的成本将会上升的事实。举例来说，对房屋开发建造商而言，实施补偿制度将导致房屋的价格上升以及建筑数量的减少。给定英国政界的一致观点是国家需要建造更多的房屋，他们将会反对强制性的补偿制度，毫无疑问，将反对建造商们建筑成本的上升[①]。

毫无疑问，这些游说产生了一些作用。例如，通过对强制性撤销补偿制度持有中立观点的提案[②]。但是游说只是用来保护私人利益的。对破坏进行补偿确实会增加成本，但是事实上如果没有补偿机制，发展的成本过低，以至于低于有效水平。更糟糕的是，因为在每个地区对环境的破坏程度不一样，取消补偿的结果是房地产开发商们会偏向于在破坏程度更大的地方进行开发。对他们而言，在保护性地区进行开发非常具有吸引力，消费者愿意对于保护性地区的房屋选址支付更高的价格。但是如果对于环境的破坏需要补偿，房屋价格中将会反映补偿带来的成本增加，房屋开发者更愿意在补偿更少（破坏程度更小）的地方开发。

如果补偿制度被强制性地执行，开发性土地的资本价值会随着补偿的资本化价值而减少。回到那个关于农业土地价值的例子。所有的成本和价格的变化都被资本化。因此，在补偿制度下，开发性土地的价格下降，建造商能以更低的成本得到土地。补偿不是一种税，而是对于开发真实成本的一种反映。与所有其他的对于房屋部门和农业部门的补贴相比，没有补偿的要求也是一种补贴。最后，游说者省略补偿制度的好处：对于人们能享受的自然资本的改善，而更为讽刺的是，补偿将使房屋价格由于环境改善而上升。净

---

① See evidence on offsetting submitted by the Home Builders Federation to the House of Commons Environmental Audit Committee inquiry into biodiversity offsetting at http://data.parliament.uk/writtenevidence/WrittenEvidence.svc/EvidencePdf/3032.

② DEFRA, 'Biodiversity Offsetting in England', Green Paper, Sept. 2013.

效益可能会接近零。

　　房屋建造者和农民反对补偿制度并不令人惊讶。英国石油公司也会抵制墨西哥湾租用的钻井平台"深水地平线"漏油事件中的一些补偿条款。但是一定数量的环境保护者反对补偿制度让人惊讶。根据不同的环境学术观点，他们分裂成强可持续性和弱可持续性原则两派阵营。

　　原教旨主义者不欢迎补偿制度是因为他们讨厌环境污染。在许多方面他们都有最清楚的例子。他们不需要新的房子、新的高速公路以及新的油气管道。他们反对补偿制度是因为他们反对这一类的发展。他们认为如果这些发展造成环境损坏，那就不需要这些发展。经济增长不再是一个目标，可以通过一个激进的财富与收入的再分配来解决总消费的减少。

　　这是一以贯之的意识形态，且不可能有太大的影响。没有证据表明有大部分人会支持这样的观点。事实上世界各地的政治家们都提倡能建造更多的房屋和更多的人造基础设施，这也显示了理想的世界与需要保护自然资本的真实世界之间的差距越来越大。

　　务实的环境主义者认为补偿原则带来的问题更多是实际的而不是理论上的。他们认为这是为那些本来不被允许的发展提供了一种可操作的方法。城市周边受保护的区域，比如英国的绿带，就是一个例子。他们接受一些自然资本和其他资本的替代，但是对到底允许多少补偿而感到忧虑。英国的绿带因为一些低级的农业活动而退化了，从而更低水平的补偿要求将会导致绿地的进一步分割，而现在的土地利用和限制是为了提供保护的。其中的争论是，补偿应该是使自然资本回到最初的状态或者回到它的最原始的目标，而不是在土地上建造房屋。

　　这个批评是非常有力，而且很大程度上是对的。这里隐含的是任何补偿应该被应用到以下一些情况中，这些情况包括总量能够被完全地维持，也包括破坏的全部内容能够被合理地估值。这里还有一个曲解。回到圣詹姆士公园一角开发的例子。这个例子可以被应用到绿带的案例上来。对其中小部分进行开发的同时保持剩余的其他部分是完好的。这也可能引发争议，最初的补偿应该是相应小的。但是这忽略了绿带作为一个整体，具有系统性特点，在开发时考虑这些系统的特点是必要的。是否建设绿带取决于这个区域是否应该被保留，而且作为城市的肺保护而不被开发。所以思考补偿的正确方法是在考虑这些案例时强调两个问题。第一，我们是否需要绿带？第二，如果已经存在的绿带受损了，是否有用于补偿的，能够被创造而且是可持续的大规模的绿带或者相似的自然资本，使得补偿的部分和之前被破坏的部分产生的效用一样好呢？如果对于第一个问题的回答是肯定的，那么在一个拥挤的小岛上，第二个问题的答案也是肯定的概率很小。在这种情况下，其他建筑物不应该被建设在绿带上。

对于补偿制度更加现实的情况是，大家并不信任政治家们以及现有的机构们会合理地执行补偿制度。那些提出这个观点的人可能是正确的。因此，如果补偿制度成为维持总的资本法则的路径，对这些规则，机构和基金进行改革是至关重要的。政治家和开发商应该证明补偿制度的精神和内容能够在总的自然资本原则的约束下产生作用。否则补偿制度不值得推崇。

对不可再生资源消耗的补偿

从补偿的角度，不可再生资源是一个纯粹的跨代产权问题。一代人使用了资源，另一代人就不能再使用。问题是这样对后代不能再使用这些资产进行补偿——应该补偿多少，应该补偿什么？

在经济学含义中的"多少"是非常简明的。资源的消耗可以现在发生，或者也可以保留相同的量给后代。在后者的情形中，每一代能得到不可再生资源的数量是总量除以总代数的平均量。为了使数学易于处理，它不能有完全开放式的结果，是代际数量必须有限。为了使问题更容易处理，问题可简化至这一代与下一代之间。

在一个两阶段的模型中，这一代人可能消耗北海油气资源储备的一半。但是除了留下一半资源以外，另外一种方式是这一代将所有的油气资源开采出来，然后将所得投资给能够产生永续收益的基金。这个基金可能是国家层面的（国家主权基金），但是也可能是地区的或者全球层面的。一些全球基金已经成立，用于应对气候变化领域和热带雨林消耗[①]。在北海的例子中，每一代人应该消费的油气资源储备的数量是总的经济租金加上基金的真正回报。成立基金是解决代际间财富转移的一种简洁的方式，尽管这种方式省略了一代人内部的资产价值分配。每一代人都得到回报率加上一定数量的资本。然后再分析怎样分配资源的产权。

制定保证基金可靠运行的规章是可行的，但使基金维持运营一段时间则不容易。未来的人们现在不能在这一问题中投票，而现在的人们又总是有投机取巧的选项。基于纯粹的多数通过制的民主国家不会在他们的宪法中规定当代人对于不能投票的后代人的责任。事实上，那些富有不可再生资源的国家在现实中的实践正好相反。他们甚至不想变成现有选民期望中的民主国家，而是屈从于精英掌控经济租金的资源诅咒[②]。想想那些统治俄罗斯的资产剥削者，以及那些超级富裕的中东王子和统治者。想想俄罗斯领导人鲍里斯·叶利钦、弗拉基米尔·普京和利比亚的卡扎菲、委内瑞拉的查韦斯、伊朗国王和尼日利亚的政治领袖们。想想那些枪、宫殿和海外银行账户。如果想要满足总原则，一些宪法条款必须保证后代的利益得到保护。

很少的一些国家能成功地创造和支撑主权财富基金，即使创造了，也是非常特殊的案例。挪威大概只有500万人口，国土面积也很小，人民都受过良好的教育，而且在文化上也具有凝聚力。即使在这里，基金的支出规则也是政治辩论里激烈和持续的主题。但是在2020年1万亿美元的预期规模的前提下，很少的人有有限的消费约束，包括那些投机的政治家们。油气资源丰富的国家，如科威特、卡塔尔和沙特阿拉伯，都从这些资源的开采

---

① At a much more local level, charities and trusts often have endowment funds, from the great universities to local conservation organizations.

② See F. van der Ploeg, 'Natural Resources: Curse or Blessing?', *Journal of Economic Literature*, 49:2 (2011), pp. 366–420.

中得到了非常多的收入，这些收入太多，以至于即使是最奢侈的统治者，花钱的速度也赶不上收入的速度，虽然这并不总是能阻止他们尝试更快地花钱。

基本上其他国家都失败了。那些稳定的民主国家，比如说美国、加拿大、英国都在为未来的资源消耗提供保障的行动上失败了。主要的非洲国家都没有建立一个可靠的财富基金（例外情况是博茨瓦纳普拉基金，由钻石出口收入支持），与此同时，只有很少的基金在中东地区成立。事实上现在逐渐形成了一个规则，很多资源丰富的国家大肆使用它们现在从资源消耗中得到的所有收入，然后当油价下跌的时候，这些国家就会面临经济下滑的难题。设计一个主权财富基金是非常直接的措施，而民主政治并不能保证这些基金将会被设立。

一些经济学家争论说没有必要设立基金，因为在今天的消费中体现了未来的利益。他们认为从油气销售中得到的收入将会刺激经济活动，从而刺激经济增长，因此这些收益将会传递给下一代，留给他们一个更发达的经济体。这种跨代的产权转移可以通过经济增长的形式来体现。公司和私人部门将得到的投资收益再投资于资本市场中，同时降低税收将会刺激消费。因此，通过凯恩斯的乘数理论，上述过程将加快经济增长。这种观点强调，只有在总需求在短期内保持一个较高的水平，后代将会自己发展好自己。那些被凯恩斯鼓励去消费的家庭主妇应该去享受由北海油气开采得到的收入赞助的聚会，而不是恪守维多利亚时期勤俭节约、增加储蓄的美德。也许根据撒切尔夫人关于家庭主妇利益深思熟虑的定义，她预计会省下一些奖金。但有趣的是无论是她还是她的财政大臣奈杰尔·劳森，都不奉行凯恩斯主义。且他们的继任者纷纷效仿。GDP作为一个政绩衡量指标将鼓励他们这样做，因为收入是GDP的现金红利。

另外，从一个可持续的角度来看待凯恩斯主义的缺陷，或者更具体的，看待乘数效应的缺陷，这些通过现在花费掉不可再生资源产生的收入带来的经济上的好处也是令人失望的。腐败和经济寻租行为使得俄罗斯、很多非洲国家以及中东地区都面临汇率问题，这个问题也是能源诅咒的影响之一。继荷兰开采天然气以及"荷兰病"的早期经验后，英国的北海油气生产在19世纪80年代导致英镑的汇率上升，结果随之而来制造业开始变得不景气。由于英镑升值，英国人能够以更低的成本购买进口的产品与服务，并与其他情况相比交纳更低的税收。当北海油气产量在21世纪首个十年开始下降时。英国经济不得不适应资产负债表经常账户上的赤字，英国需要更多地进口油气，而且是在全球经济危机的糟糕背景下。

这并不令人惊讶，尽管在石油年代有开采油气得到的额外收入，英国经济与之前相比，和同时期竞争对手相比，都没有表现出显著的高增长率，因此英国也没有给后代留下明显的好处。由此，依靠现在对非可再生能源带来的收入可以自动补偿后代的利益并不是一个令人信服的理由。

那么如果不可再生能源的问题应该通过设立基金的方式去解决，基金应该去投资什么呢？传统的答案是选择那些高收益率的资产投资。换一句话说，这只是一个投资问题，我们应该从收益的基础上去关注不同资产，挪威人正是这样做的。许多环境主义者希望能走得更远，所以提出这些钱应该被投资于环境改善上来，比如说投资于可再生的自然资本，也就是遵循强的总自然资本原则。这种观点的具体表现形式是油气开采带来的收入应该被投资于非化石燃料技术研发以及能源效率提高措施，以应对化石能源燃烧的后果。这种观点也可以扩展到页岩气的案例中来。

这一想法有吸引人之处。我们可以通过油气和水力压裂开采得到的收入来进行一些自然资本的修复。我们可以创立一个超级环境清洁基金，由此后代可以拥有一个更好的自然环境。如果加强自然资本不应该下降的总量约束，要求自然资本实际上应该增加，以补偿过去的损坏，这个论点可能会获得额外的力量。正如已经提到的一样，这个论点已经被运用到发展中国家与气候变化问题的案例中：发达国家在它们工业化的过程中排放了大量二氧化碳在大气里，对环境造成破坏，因此在减排中它们应该承受更大的责任。

当我们能够建立一个能够从更广泛的范围中提升自然资本的基金后，我们再考虑这一可能性。现在，在代际之间补偿对不可再生自然资本的消耗的案例已经存在，并且，尽管理论上存在经济体将会自动调节的可能性，但是也有许多理由可以表明这种经济调节并不会自动产生，甚至实际上经济会向相反的方向发展，变得更差。

在进一步讨论怎样来补偿可再生资源消耗这样一个棘手的问题前，我们不应该忽略三个事实。第一是不可再生资源的消耗应该是净的而非总的环境外部性。也就是说，我们比较少关心将那些从资源消耗中得到的收入用于收拾残局，更多地关心在采用一系列使环境外部性内部化的环境法规和税收情况下的资源消耗本身。我们应该征收碳税，应该对燃烧煤炭产生的二氧化硫和氮氧化物收税，应该对产生噪音和当地环境污染的开采行为收税，这些基于市场的工具，包括规则和制度，在代际之间的补偿问题上都不是完全地或者不具有实际可操作性。一些税收以及税收的衡量在下一章将会涉及。

第二是技术上的变革。假设一种新的太阳能时代到来。正如之前提到的那样，有可能一个开放的光谱组合使得从阳光中得到的能源更多，太阳能采集装置表面新材料的开发和石墨烯可以提高电能转换效率。这样的情况下后代的太阳能能源可能变得非常便宜，化石燃料能够被保留下来。这些化石燃料对后代来说价值并不大，因此当代人不需要为化石燃料储量的下降提供补偿。但是，在没有征收合理的污染税的情况下，当代人需要补偿以前和现在因为化石燃料燃烧导致的空气污染。

最后，在定义一个能源是否是不可再生时也会出现问题。从地质时间概念上，几乎所有资源都是可再生的，包括煤炭、石油、天然气和泥煤。只是一些资源需要上百万年才能再生。其他的，包括树木，需要上百年或者更少的时间。那么从实际的补偿角度来说，一片森林到底是可再生的还是不可再生的呢？这一点很重要，例如，树木被作为生物质在电力站燃烧，而碳固定需要80年或者更多的时间来抵消燃烧产生的碳排放。80年对于现在的气候变化面临的风险是不是太长？在一些案例比如生物质中，这是很重要的。树木在这种特殊情况下不应该被看作可再生资源。它们是生态系统中很核心的部分，因此也很难被补偿[①]。一旦被砍伐，在很长一段时间内，成长成熟的加拿大的松树林，亚马逊的热带雨林和欧洲的原始森林并不能够通过二代或三代树苗的生长完全恢复。在这些情况下，如果希望这些树木能够持续发挥作用，安全的砍伐限制线不应该低于现在的实际水平。砍伐特定的树木，收集木材或者矮林作业可能是可持续的，但是砍伐整个森林是不可持续的。在其他一些案例比如石油，天然气和煤炭中，并没有实际意义上的可再生性。我们应该对这些案例保持谨慎。

对于可再生能源的补偿

对于可再生能源，我们面临非常不同的问题。这一代人对于它们的使用在理论上不应该减少下一代人对它们的使用，只要保持可再生能源的存量在安全线以上。当这些安全线被打破或者可再生自然资产被破坏时，补偿问题就需要作为议题提出来。

给定存量位于安全线以上的可再生资产，它们能够以接近零成本的方式产生永久收益，而且当总量被给定时，任何可再生自然资产的减少都被另一种相同价值甚至更高价值的自然资产来代替。这样就可以完全抵消第一种自然资产的减少。在实际中，这意味着那些被破坏的自然栖息地和生态系统的更新。在许多情况下，这可能是非常苛刻的。当最优的存量要高于实际存量时，总的原则要求即使是高于安全线也应该补偿。

生物多样性弥补是一项旨在满足这项要求的政策，而且它已经在多个国

---

① For possible recovery rates – and hence the case for treating some aspects of forests as renewable assets – see L. E. S. Cole, S. A. Bhagwat and K. J. Willis, 'Recovery and Resilience of Tropical Forests after Disturbance', *Nature Communications*, 5 (May 2014), at http://www.nature.com/ncomms/2014/140520/ncomms4906/full/ncomms4906.html.

家和多种情况下实施。这样的想法是破坏的价值可以用货币来衡量，那些需要对破坏负责的开发者既可以通过直接支付货币给中介——补偿银行，或者通过一些特殊的项目直接对产生的破坏做出一些改善。在这方面有一些国际经验，但是仅限于非常特殊的情况。美国湿地改善和澳大利亚自然弥补计划是典型的例子。英国也有类似的规划[①]。

　　概念上相当简单，但是应用起来却很难。反对的声音已经从弥补性措施的每一个方面被提出来，有时候反对的声音更广泛，波及了上述讨论过的补偿制度。反对者们从货币化开始，然后再转向领土限制问题，最后转向不确定性和执法时间过长的问题。

　　首先是反对货币化。反对者认为弥补需要相应的等价物或者更高价值的对象。用来替换的资产必须是有形的，但是这些有形的资产需要成本。如果成本不是无限的，成本也不可能是无限的——那么会产生总成本的问题。问题是这个成本应该是多少，它应该被花在哪里。在绝大多数项目中破坏是不可避免的。难以想象有任何开发不会对环境造成任何负面的影响。问题是这个负面影响是否需要补偿，需要补偿多少。只要货币化被当成成本而不是当成一项严苛的价值来考虑，它就能发挥作用。如果不需要补偿，那么对于开发者来说破坏成本为零。没有人能逃脱肮脏的钱的问题。

　　第二个反对是针对这样一个论断，抵消性的补偿能够被应用于不同类型的环境破坏上来，因此应用到所有的自然资产上来。作为回应，反对者认为有一些自然栖息地和生态系统，还有一些物种，不能成为被补偿的候选对象。原始森林就是这样一个可能的候选对象，濒危物种可能是另一个。但是在这种情况下，实际的索赔中替代这些资产的成本大到可以排除弥补的可能性，和原则性的索赔中这些资产永远不应该被破坏是非常不同的。

---

① For international comparisons see B. A. McKenney and J. M. Kiesecker, 'Policy Development for Biodiversity Offsets: A Review of Offset Frameworks', *Environmental Management*, 45 (2010), pp. 165–76. For Britain see DEFRA, 'Biodiversity Offsetting in England'.

实际的争辩是非常有力的，而且应该在很多情况下我们应该确保对自然资产的保护。但是会存在一些情况，因为一些项目的经济利益非常大，还是有一些破坏将要发生。例如原始森林，现存的只是他们以前的一部分，以前的原始森林覆盖了英伦三岛以及欧洲的大部分地区。反对补偿的声音认为原始森林在原则上不应该成为任何主要项目的开发对象，而不是基于实际证据。这样的观点对下面的情况应该怎么做没有提出任何指导，即尽管这些自然栖息地很重要，也仍然需要发展，而且那些原始森林事实上已经遭到了破坏。实际的问题是，在遭到破坏的情形下是要补偿（尤其在需要很多补偿的时候），或者完全不用补偿。

如果补偿政策是用来确保补偿可再生资源所遭受的破坏，从而保护下一代人的利益，我们还需要思考怎样实施补偿政策。现在又有很多问题被提出来。什么是可再生自然资本的替代品呢？每一个栖息地和生态系统都有其独特的特点，尽管我们可以设想给那些受影响的物种创造另一个栖息地，但是真正实施起来困难却非常大。

考虑一些当地的例子。首先让我们来举凤头蝾螈的例子。它们在英国是被保护的物种，对开发者来说它们的存在是对开发的一种阻碍。但是它们的栖息地已经被广泛地研究，而且不难设想，我们能给它们提供同等的甚至更好的池塘以及周边环境让它们繁衍生息。在这个案例中，蝾螈的栖息地能被另一个栖息地所弥补。其次，考虑一种更加濒危的物种：夜莺。这也是一种被保护的物种，但是正在变得更加稀少，它们迁移到英国繁育，而且在英国有着更深的文化共鸣。比如说，约翰·济慈著名的夜莺颂（1819）就是描写夜莺的。国防部提出了一个重大的住房开发项目，项目地点位于肯特洛奇山的一个前陆军基地。英国自然保护部门指定这里为特殊科学价值保护地点（SSSI），部分原因是，它是一个夜莺的繁殖地，而且对于保护这里的爬行动物（包括凤头蝾螈）、蝙蝠和无脊椎动物群也很重要。补偿政策需要我们为夜莺找到一个与现有栖息地有类似特征的地点（同时所有其他的动物群和植物群也能重新找到它们的栖息地）[1]。

在我们的两个例子中，夜莺的例子处理起来更加棘手。夜莺可能根本就不会按我们想象的路径迁移，它们可能消失。另外，夜莺的栖息地的特征也只是大概被人们所了解。它们喜欢在低矮的灌木丛中筑巢，但是哪一种灌木呢？还有其他特征可以吸引夜莺吗？没有两个地点是完全一模一样的，因此总会不可避免地产生差异。还有一个事实是，一个特定的栖息地不只是有标志性的夜莺这一个物种，还有许多其他重要的物种。在这个栖息地中也还会有爬行动物。对于爬行动物来说，这个新的地点是天堂还是地狱呢？会吸引它们的天敌吗？在人类活动的影响下，并没有真正野生的栖息地存在，那么对比旧栖息地来说，我们对于新栖息地的管理又如何评价呢？

第二个例子表明，在这种情况下，没有所谓的相同的地方。这注定是近似的问题，难免存在诸多的不确定性。也有相反的问题，什么会发生呢？备选项目的时间也要考虑。夜莺的新栖息地必须是额外的，这意味着栖息地必须建立在要求的地点。如果这个栖息地是已经存在的，那么不能被看作补偿。恢复是一个棘手而长期的业务。创新的沼泽地、石楠地、水草地和动物种群丰富的林地并不是一件容易的事。研究表明，恢复一个野生的草地需要超过20年的时间，使一个灌木丛恢复到均衡状态可能需要十年以上的时间[2]。

时间方面也进一步引起信誉和承诺的问题。我们怎么能肯定开发商会坚持既有的措施，从而看到执行措施达到的弥补效果呢？在一个长达20年的时期中，公司可能已经破产。他们可能不能坚持投资，继而违约。在有限责任

---

[1] A 2012 study by the Environment Bank argued that 'offsetting is both appropriate and feasible to ensure no net loss of nightingale habitat at Lodge Hill'. Others, notably the RSPB and the Kent Wildlife Trust, take a very different view. Environment Bank Ltd, 'Independent Assessment of the Potential for Biodiversity Offsetting to Compensate for Nightingale Habitat Loss at Lodge Hill, Kent', July 2012.

[2] For a study on restoration time lags see B. A. Woodcock et al., 'Identifying Time Lags in the Restoration of Grassland Butterfly Communities: A Multi- site Assessment', *Biological Conservation*, 155 (Oct. 2012), pp. 50–8; and J. M. R. Benayas et al., 'Enhancement of Biodiversity and Ecosystem Services by Ecological Restoration: A Meta- analysis', *Science*, 325 (Aug. 2009), pp. 1121–4.

制下，其他一些机构可能会参与进来。因为很少有开发者在新建栖息地和自然环境修复中有经验，所以这样的参与也许是好的。它可能将责任传递给补偿性银行或环境监管部门，故能要求它们为承担这些责任而发行债券或其他证券。在商品市场中已经存在许多这样的债券，例如当旅游公司破产时，它们发行质押债券来营救搁置的游客。

如果无法实现字面意义上置换，而且我们保护的是总的自然资产，那么我们的目标不是对于一种特定资产的相似意义上的置换，而是以一种可再生自然资产置换另一种可再生自然资产。换一句话说，破坏能被其他的自然资产弥补。通过创造更多的夜莺栖息地，或者通过对河口水质的改善可以弥补对于凤头蝾螈栖息地的破坏。有一系列改善可再生自然资本的项目，这些可以产生巨大自然资本回报的项目以弥补已经造成的破坏。

从自然资本的角度来说，这种方法有两个更具效率的优点（可能把钱花在那些正处于灭绝临界值的物种保护，比花在上例中提到的蝾螈物种保护环境效益更大），而且这种方法也回避了特定自然栖息地的相似意义上的置换问题。它没有回避掉补偿的货币数量估算问题，但是，它分离出对于破坏的评估问题，在特定情况下怎样花钱才能最大限度提高自然资本收益。当涉及自然景观层次的修复时这种方法变得非常关键，正如我们下文看到的那样。

计划与对抗的方式

补偿政策在执行时有着巨大的实际困难。因此到目前为止，在这些政策的制定上进展有限。开发者和环境主义者之间的战争继续进行，在很多情况下这个系统也适合双方。在传统的规划框架下，规划方会判断一个开发方案的相对好处。开发者会尝试最小程度地估计破坏程度，另一方面则放大项目对经济增长，创造就业和税收贡献上的好处。相反的，比如那些在工作上、新建筑上以及交通上受到影响的竞争者就会放大开发方案的成本，环境主义者就会为这些负面的环境影响而斗争。相关的语言描述有"打架"，"抵抗"，"战斗"和"游说"，而且通常是在所谓大卫和歌利亚力量的审判框架下。

开发者们宣称当地的反对者能得到更广泛的经济收入。他们控告不要在自家附近建项目。抗议者们在全部拥有或一无所有的冲突中喊冤。例子比比皆是，梯形管道建设，风电场的发展，建设新城镇，建设绿化带和在城镇和村庄的边缘建设住房等项目上都生了冲突。当地人成立游说组织，大型绿色非政府组织也介入其中。这些开发者和抗议者之间的战争是很好的拉票根据。最近的一些针对水力压裂活动的商业活动在英国的地方选举中为绿党拉来了很多选票。这些商业活动是绿色和平组织的命脉。商业活动是会员们支持的和名人认可的，而且胜利或者失败的不确定性前景使人们毫不妥协，更加好战。

各方聘请顾问，并游说当局采取他们的解决方式，成本负担主要集中在开发商的一侧。地方的委员会也涉及其中，有时候会产生一些轻微的（或者，在少数情况下，严重的）腐败。在评估对环境的影响时，规划师使用缓和的层次体系：避免破坏，减少破坏，对环境温和，破坏程度最小化；搬迁项目，恢复项目所在地自然资本；弥补自然资本。更进一步，开发者被要求为相关的基础设施做贡献，比如说修建道路和学校，还有一些志愿性的补偿与弥补。

这个方法的问题使得继任政府尝试改革之前的规划[①]。改革的实质是尝试设置国家的优先权和部门的计划，确定国家的项目，并把它们从当地的规划过程中剥离出来。政府宣称风力发电厂是国家政策的一部分，同时又把住房开发项目的相关权利给了地方政府。如果一个特定的项目被地方政府否决了，中央政府在中央决策中可能又会重新通过这个项目，把自己的权利凌驾于地方政府之上。这些项目开始施工，最后的破坏也会被认为是可接受的牺牲。很少会进行补偿——自然景观被风力发电厂所替代，房屋发展项目被

---

① For a summary see www.parliament.uk/briefing- papers/SN06418.pdf.

建造，铁路和公路也被建成，这些开发都伴随着很少甚至几乎没有的弥补和补偿。

正如媒体重复播出的那样，这是一场消耗战。时间是反对派的关键武器，通过延长项目进程提高了开发者的成本。结果是从一个经济角度来看，发展不会那么迅速，而从一个环境角度来看，破坏也不会减少。它可能需要很多年才能获得伦敦希思罗机场5号航站楼的规划许可，并获得建造新的核电厂站的许可。但是这些项目终究会开始。这些本来就不可以的项目中有很多不能通过补偿性测试，但是它们也被看作环境保护方的胜利。就像那些房屋中介机构把吹嘘他们已经出售的房屋作为广告，一个胜利者的角色也帮助环保性质的非政府组织的影响力达到高潮。

在这个不愉快的进程中，规划的这种方法不能改变上述定义的补偿政策的实际问题。如果破坏已经产生就会有成本，这种破坏是否被规划部门合法化在于它是否站在补偿的立场上为自己进行辩解。同类置换的问题依然存在。对于一个自然栖息地的破坏不能通过在其他地方创造一个特定的替代品而得到补偿①。许多的案例更接近于夜莺而不是蝾螈的情况，因此领土的问题依然存在。如果一些栖息地有很高的保护价值，例如像原始森林，它们应该在规划系统下严格地保留下来。实际的问题是在很多情况下它们会遭受破坏。规划当局将以制裁或禁止产生破坏作为事情的结束。补偿可能不能实现，或者并不能达到满足自然资本规则的要求。这些不确定的议题都在常规的规划路线的考虑范围内。这个问题在顾问们之间不断争论。只有一个问题被排除在外，使补偿性弥补在机构中合法化——因为现在还没有正式的弥补条款。

作为总结，自然资本加总原则意味着在总量范围内通过一定程度的替代进行补偿。如果没有替代，那么这个原则不能被实现。任何反对补偿的人必须拒绝总的自然资本原则或者拒绝替代的任何可能性。原教旨主义者可以继

---

① There are wider philosophical difficulties here. See R. Elliot, 'Faking Nature', *Inquiry*, 25:1 (1982).

续持有对于替代的反对意见，但是我们并没有理由相信他们能成功地停止所有的替代行为，也没有机会去相信他们，因为随着21世纪GDP的增长翻倍和额外的30亿人口增长，还会产生很多的进一步的破坏。持有原教旨主义的观点，面对像以往一样伴随着经济发展的环境破坏而袖手旁观的行为在道义上是站不住脚的。

一旦补偿性的原则被接受，那么剩下的就是执行的问题。同类置换一般难以实现。而且这种方法也可能是低效率的，因为可能有更好的自然资本被投资进去。在补偿和投资自然资本项目之间应该有一个差距。这个差距应该由成立可信的机构或者自然资本基金的方式填补。这些投入的钱的总量应该非常大，而且如果所有对于可再生和不可再生资源的补偿都用于投资可再生资源，这种行为将产生很大的意义，并且对于自然环境的影响将有一个质的不同。增长应该变得更加具有可持续性。

我们需要制定合适的政策来确保污染被合适地定价以及征税，通过补贴的形式将正的环境外部性内生化，适当提供自然资本的公共品。如果这些都做到了，基于补偿我们会有一个光明的前景。只有这样我们才能转向更大的目标——大规模的、整个景观层次的、可再生的自然资本项目。我们提前建立全面的政策框架，不仅满足总的自然资本规则，而且通过给后代留下更好的自然资本禀赋收获显著的经济效益，在接下来的章节我们会讨论剩下的一些政策问题。

第八章　对污染征税

继 补偿金之后，自然资本政策框架的第二个条款是，确保来自持续活动的污染成本能够内化于公司和个人的决策之中。直观来看，让污染者为他们的行为所造成的后果付费是可行的，同时这也是一种道德上的要求。它可以作为补偿金的一种补充，但两者不能等同。补偿金是为来自特定项目的自然资本的直接损失而支付的，而污染税改变了市场价格，并进而改变了公司和消费者的选择和动机。

和补偿金一样，通过征税来让污染者付费也没有想象中简单。究竟谁是污染者？他们应该支付什么？他们应该如何付费——通过环境税（和补偿金）还是通过购买许可证？通过征税和许可证收到的钱应该如何处理？补偿金应该扮演怎样的角色？最后，规章应该在哪里适用？

污染者付费原则

如果有化学品掉进河里导致鱼都死了，识别污染者的问题通常是一个非常标准的侦探问题。如果污染只有一种来源，那么罪魁祸首就不难发现，可以根据财产和环境法来要求对造成的损害付费并补偿受害者。财产所有权界定了受污染方的权利以及污染方的责任。这个例子很简单，因为只有一个污染方，并且损失很容易衡量——所有的鱼都死了。

不幸的是，现实中几乎不可能有如此简单的污染问题。通常会有多个污染者，会有不同类型的损失，并且通常难以明确界定污染造成的影响。正如上面已经指出的，产权很难完美界定、轻易地识别，执行起来会有成本。就以一条受到了磷酸盐和硝酸盐污染的河流为例，污染的原因可能是下水道或工厂的排出物，或者是农田里流过的水。可能存在临界值效应——一点污染物或许影响并不大，但当超过一定程度后，河里的生物就都会死去。山地造林是另一个例子：酸化杀死了河里的生物，摧毁了鲑鱼和其他鱼类的栖息地，但是具体的松树林和鲑鱼之间的关系是复杂而有争议的。

在有些例子里，有时甚至连污染者是谁都不清楚。比如说，大气中的二氧化碳该由谁负责？是18、19世纪开展工业革命的英国吗？考虑一个受到污染的工业区，应该是现在的所有者负责——他们在购买这块区域时可能都不知道已经存在的污染问题，还是那些放任工业污染的人负责？如果他们已经不在人世了呢？

一种简便的方法是假定企业造成了污染而不是你我这些普通大众。显然地，企业的所有者和经理层是责任人吗？在这样的逻辑下，就应该对公司而不是个人征税。然而这是一种错觉。公司是股东所有的，他们领取股利，并且以能够反映成本的价格出售商品给消费者。如果应用于农田的硝酸盐肥料导致了河流的污染，农民不去支付河流污染的成本，生产的成本会被人为地低估。结果就是面包的价格也很低，那些购买的人——你和我——就侥幸逃脱了污染的惩罚，而无需付出全部成本。面包的消费者是最终受益人，因而他们是真正的污染者。农民是为了消费者的利益才造成污染的。如果公司能够获得更低的成本，但并不给消费者更低的价格，那么公司的股东也可能是污染者。严格来说，公司并没有造成污染，而是股东和消费者在造成污染。公司只是我们的代理人。从政治意义上来说，几乎没人愿意这么承认并责备应责备的人，至少我们的消费难辞其咎。21世纪即将产生的更多的消费会带来越来越多的污染，除非消费者需要为他们消费导致的损害全额买单。

即使有错的一群人能够被识别出来（正如活动者们热衷于把世界简单地分成好人和坏人），他们应该付费这件事总是必然的吗？再次考虑我们水污染的例子。许多世纪以来，河流一直是废物处理系统。沿岸工作或生活的人都认为他们可以把废物扔到河里。污水通过这种方法处理，许多当地的废品也是这么处理的。现在仍然有许多国家是这样的。在英国，当有大雨时，风暴使得未经处理的污水直接流入河里。通常认为，在这种情况下，污水会被充分稀释。直到最近几年，许多驳船仍然将伦敦的污水排入北海中[①]。水公司有权利用这种方式使用河流吗？（以我们的名义处置我们的废水）或者说其他人（包括我们）有义务来清洁水资源吗？

在一篇古典经济学文章"社会成本问题"中，罗纳德·科斯认为，有效的解决方法——最优的污染水平——是让双方自己协商，不考虑谁有权利污染或者谁需要保护[②]。假设在污水排放工厂下游有一个渔场，渔场需要洁净的水资源，而污水厂需要处理废水。如果渔场有清水产权，它就可以控告污水厂污染水源。同样的，如果污水厂有河流处置权，渔场就需要付费让污水厂不要把废水排入河流中。

科斯表明——在限制性条件下——最优污染程度是最大化共同利润而形成的结果，并且他们有动力去协商来达到这样一种污染程度，而并不考虑谁有产权。如果两个公司合并了，解决方法也是一样，在一个主体中把外部性和激励内在化。这家新的污水渔场公司主体在计算最大化利润时需要把渔场的成本考虑在内。该公司可能会得出这样的结论：将污水处理到使渔场能生存的高标准实在太贵了，于是简单地将渔场关闭；或者可以关了污水厂来确保渔场的运行。这两种情况都是不太可能的。最可能出现的情况是，通过对处理污水量和排放污水量进行调整来找到一个最优的污染程度，而这个最优的污水排放量不为0。例如，该公司可以在污水部门安装更多的处理设备；可以在渔场部门添加更多的过滤器；或者可以减少鱼群密度。由此得出的结论显得极为重要，它说明了强可持续性（禁止污染）是严格的非最优解。一定程度的污染是最优的：零污染并不是一个很好的解决措施。

这一经济理论有更广泛的应用。应该禁止巴西人砍伐亚马逊雨林，还是应该让发达国家付费给他们，让他们不要这么做？应该强行让非洲国家减少

[①] The Oslo Convention on the Prevention of Marine Pollution by Dumping from Ships and Aircraft brought dumping of sewage sludge to an end in the North Sea in 1998.

[②] R. Coase, 'The Problem of Social Cost', *Journal of Law and Economics*, 3 (Oct. 1960), pp. 1–44.

碳排放，还是应该让发达国家付费给他们？科斯指出，从效率角度来说，这并不重要。污染的程度是一样的。如果发达国家想要避免气候变化，他们就需要付费给那些在经济发展早期阶段的国家以弥补他们的成本。政治，是一个很不同的话题，但是在这里它也是有关产权的。在全球情况下——比如气候和雨林——我们都生活在其中，这是一个全球视角下的污水渔场公司。

污染者付费原则远比初看时要复杂得多，确定污染方并不能得出正确的解决方法，尽管对于NGO来说，这样做可以产生宣传效果。在碳排放问题上，富裕国家显然是"有罪的"，但是石油公司也是"有罪的"，尽管它们是发展中国家的公司。幸运的是，正如科斯所证明的，过失方并不是问题的关键所在。问题的关键是，需要有一方付费。从效率的角度来看谁付费并不重要（尽管从分配的角度这是重要的）。那么接下来的问题是，这一价格应该如何确定呢？

税收还是许可证？

使污染者面对污染成本涉及改变价格以内化外部性。制定正确的价格需要很多信息，并且试着用日益复杂的工具来得到正确的数字是很有吸引力的。正确的数字应当等于每多产生一单位污染带来的边际成本，从而使得污染者有相应的动机去提高或降低污染量。庇古指出了应该如何考虑这一问题，以及可能带来怎样的后果[①]。提高边际成本会改变均衡结果。它会影响污染的供给和产品的需求——并且市场会筛选出最有效的结果。

再次考虑渔场和污水厂的例子。例如，通过给污染（就是排放物中的磷酸盐等）定价，污水厂会采取上面例子里污水渔场公司可取的措施之一，比如，对排出的污水进行更多的处理来稀释磷酸盐等物质给渔场带来好处。在这个污染者付费的例子里，污水厂支付的正确的价格应当是每向河流里多排

---

① A. C. Pigou, *The Economics of Welfare* (London: Macmillan, 1920).

出一单位污水给渔场带来的损失成本。

解决这一问题的关键在于，在信息私有的情况下计算出边际成本的大小。污水厂有动力去低估这一数字，而渔场则倾向于高估。双方都会聘请专家和顾问来讨论，还可能会有游说者和企业公关宣传。许多污染的案例中都会出现这种策略性信息博弈：一方否认，另一方夸大。曾经在深水地平线的案例中出现。在美国的法律环境中，律师们争相采取行动以获得高额费用。

在鲑鱼的例子中，河岸土地使用者在捕鱼限额上进行博弈。例如，森林影响到流入河中的水的酸度，进而又会影响到鲑鱼。因此，在苏格兰西南部的盖洛威森林案例中，森林委员会首次拒绝，同时尽可能减少影响①。煤矿工人、油气压裂工以及风场开发商要与健康利益、当地的房地产所有者和鸟类观察员进行博弈。

如果专家拥有所有信息并且能够正确定价，那么事实上就没有定价的必要了。监管者可以直接告诉公司他们的产出和污染程度应该是多少。税收更受欢迎恰恰是因为监管者并不知道答案。最初的税收充其量是一种粗略的猜测，结果在实施之后可以观察到。比方说，如果碳税收定为10美元每公吨，而并没有产生效果，这就提供了很多信息。它说明了在这一价格下污染是有利可图的。如果污染的程度必须减少，监管者就可以提高碳的价格直到能够产生效果。对于污水厂，可以最初先试着以磷酸盐废水带来损害的边际成本定价，然后再观察产生的效果。

这就是"在征税中学习"，一旦税收被认为是一种并不完美的近似，它就可以适用于更广的范围。通过这种方法可以更轻松地得出正确的答案，而不需要做很繁重的工作。每种类型的污染都有它自己的特征，在监管者增加污染税的过程中需要进行额外的调整。就拿上面提到的有多种污染源的硝酸盐的例子来说，税收可以起到一定的作用，可以将税收制定在能够反映肥料带来的环境影响的水平上，而让监管者去处理诸如硝酸盐敏感区的保护等特

---

① For more on the long battles over Galloway, see M. Wigan, *The Salmon: The Extraordinary Story of the King of Fish* (London: HarperCollins, 2014), pp. 190–5.

殊情况。可以有一个肥料税以及关于何时何地可以用硝酸盐的监管规则。通过实践，税收可以进行微调。这可以作为一种普遍适用的工具。

大多数污染目前并没有征税，因而价格没能反映污染的成本，因此资产价值是扭曲的。也就是说，价格是错误的。逐渐扩大税收覆盖的污染范围是一种保护自然资本的策略。在整体税基中环境税所占的比例会逐渐提高，不再仅仅是目前的燃料税、碳排放税、垃圾填埋税以及各种废物支出。这会产生更大的经济效益。通过对诸如污染等不好的事物征税而不是对工作和劳动等征税来筹集资金，会带来所谓的"双重红利"。对工资征税会扭曲对人们工作的激励。降低这样的税收可以使得经济更有效率，因为工资能够更好地反映已完成工作的价值。对污染征税是通过把成本内在化来矫正市场失灵，因此它可以在筹集资金的同时使得经济运行更好[①]。

考虑到这些明显的优势和在过程中重塑经济的机会，目前没有更多的污染税是令人惊讶的。正是因为它们的缺位才受到关注，即便它们正在应用，也会遭到随之而来的争议。英国的碳底价机制是最近出现的有效税收（考虑到单方面的碳目标）的例子，也遭到持续抨击[②]。燃料税是另一个例子。在许多案例中，税收并不会优先考虑，而往往是最后采取的措施。为什么这种经济有效，并且为整体上改善经济提供可能性的措施却用得很少呢？

一般有两种解释。第一，人们担心污染水平在征税的时候并不确定；第二，关于如何使用这些钱有许多政治上的争议。第二个解释在下一节会详细探讨。首先，我们来考虑不确定性的问题。

税收是有关价格的，而数量由市场决定。尽管最优的污染水平很少是

[①] See 'Environmental Taxation', chapter 10 in the final report of the Mirrlees Review of Taxation. J. Mirrlees et al., *Tax by Design*: *The Mirrlees Review*, Institute of Fiscal Studies (Oxford: Oxford University Press, 2011).

[②] The lobbying against the carbon floor price would be more credible if it instead focused on the unilateral target in the context of a global externality. The tax is an efficient way of achieving the target, but the target is not an efficient way of dealing with global climate change, especially where near-neighbour trading partners in Europe do not have such instruments. See D. Helm, *The Carbon Crunch*: *How We're Getting Climate Change Wrong – and How to Fix It* (London: Yale University Press, 2013).

零，但有时也可能是零。有些污染非常严重，任何数量都可能是灾难性的。汞排放到河里会产生毁灭性的影响——所有的生物都会死去。在其他的例子中，可能会有一个限值不能突破。灰质沙丘上的土壤支持很多野生花卉的生长，这些野花无法适应高氮肥料。在许多这样的案例中，监管是一种选择。监管者可以禁止活动，设定污染限值。在英国，这些监管条例是在一个个案例的基础上设定的，取决于地区和周边工厂的特点。

欧盟设定了统一的规则。一辆汽车可以排放一定限度的化学物质，一个发电厂可以排放一定量的氮氧化物和二氧化硫等。这一方法需要依靠专家的最佳判断。这种专家监管原则非常普遍，这与监管者的利益和公司能够捕捉到流程的方法有关。

一种可以减少政府介入的方法是设定总体的污染数量，转换为许可证数量并在市场上交易——就像在捕鱼限额的例子中一样。许可证的价格由市场决定。这就是欧盟排放交易计划背后的理念，也是先前更为成功的美国硫交易计划[1]。它为捕鱼限额交易提供了基础。监管者仍然设定了总体数量，但是由市场决定每个工厂的污染数量。关键是总数不能超过由发布的许可证数量决定的最大值。

在碳排放案例中，因为排放的位置不重要——只有一个大气——只有总数需要固定。目标就是这个总数，也是最优水平的近似。但是在肥料的案例中，位置也很重要，从这一点上来说，允许交易计划是有不足的。一些更受限的计划包括一片河域的取水，但即便在这里，上游取水与接近河口处取水也不一样。位置的影响使得许可证交易的实施受到阻碍，因为这种方式只考虑到了总体税额。

市场机制有它自己的位置，屈从于区位效应。具体情况的复杂性是无法回避的。税收和许可证是可选择工具的一部分，人们仍然需要弄清楚什么时候应该征税，什么时候应该让许可证发挥作用。这是一种务实的选择，它

[1] On trading schemes see T. Tietenberg, 'The Tradable- Permits Approach to Protecting the Commons: Lessons for Climate Change', *Oxford Review of Economic Policy*, 19:3 (2003), pp. 400–19.

取决于人们最担心的事情。在污染带来的影响不确定的情况下，当人们担心比预期更多一点的污染可能会带来非常大的负面影响（比如上文汞排放的例子）时，数量就需要固定，而价格可以随之调整。但是在其他的案例中（比如碳排放），数量在边际意义上的增加只会带来微不足道的影响，而成本超支和许可价格的大涨会给消费者和公司带来明显的不利影响[①]。在这些案例中，成本的确定性比数量的确定性更重要。因此，碳排放税比欧盟排放交易计划ETS更好。但是实际上情况恰恰相反。这与金钱密切相关，这是为什么很少有污染税的第二个原因。

收入效应：金钱会怎么样？

如果经济学完全是关于正确替代——设置激励措施将外部性内部化并且逼近最优污染水平值——那么政治和游说都是关于收入以及金钱流向的。许多污染可以称为"顽固的"，想让人们和企业改变行为是很难的。大多数污染也是间接的——始于能源系统、工业设备和农场实践。在短期，通过税收提高价格或者让污染者购买许可证对他们的行为只会产生很小的初始影响。他们的需求，至少说在短期，是不会有变化的——是刚性的。这还需要进一步研究证明。

在短期，在这种刚性情况下提高价格会产生很大的收入效应和很小的替代效应。这种税收和许可证能够筹集到大量资金——有点像对酒和烟草征税。一段时间之后就不同了——有低碳燃料，更多良性的农耕方法，并且人们可以放弃喝酒和抽烟。农场甚至可以有机化，煤炭发电厂可以转向油气，最终采用低碳技术。

---

① The classic article is M. L. Weitzman, 'Prices vs. Quantities', *Review of Economic Studies*, 41:4 (1974), pp. 477–91. For an assessable comparison of taxes and permits, see C. Hepburn, 'Regulating by Prices, Quantities or Both: An Update and an Overview', *Oxford Review of Economic Policy*, 22:2 (2006), pp. 226–47.

这其中涉及许多资金，政府和金融部门与缴税方之间会发生对抗博弈就不足为奇了。这是一场和游说者之间关于经济租金的对抗。就拿税收和许可证的选择来举例。通过税收得到的钱直接进入了政府部门，对污染者来说并不是一个好消息。而许可证的方式更复杂，取决于谁拥有许可。如果政府强行让污染者购买许可证——为获得在许可范围内污染的权利付费——对污染者来说在收入方面仍然是个坏消息。许可证的价值近似等于税收的资本化价值，然而污染者需要预先支付。另一方面，如果政府根据过去的排放情况免费发放许可证——这一方式叫作"祖父条款"——这样资金就在污染者一方。

毋庸置疑，相对于税收，工厂会更偏好祖父制许可证（没有什么会比这种方式更好了）。这就正是ETS所做的。欧洲委员会最终想要征收碳排放税，工厂尽力游说实施祖父制许可证[①]。他们得到了想要的，没有直接的收入效应。现在这一计划已经建立了，工厂继续游说抵制税收，甚至抵制之前提到的碳底价。

是否需要抵押

假设有一种税收或者拍卖许可证能够反映污染的成本，并且假定短期价格弹性很小，因此能够筹集很多资金，通常会认为收益应该用来解决污染问题而不是进入政府的总收入。这是抵押的一个过程，为特定项目和支出设定收入。为自然资本的改善筹集资金会尤其重要。

传统经济认为，征税和花销应当独立分开。征税是筹集资金，花销是选择有最高净现值的项目。根据这一观点，这笔资金应当划入政府支出盒子。纳税抵押会通过限制选择来产生更有效的结果。

对于自然资本，存在关于抵押的争论。目的是维护自然资本的价值完

---

① See Helm, *The Carbon Crunch*, ch. 9.

整，因此引入了这样一种支出限制。环境税应该用来达成这一目标，因为是税收征收对象的污染行为造成了对自然资产的破坏，这提供了收入的进一步来源。在河流的例子中，硝酸盐污染了河流，降低了它的价值。征税不会使得污染减为零，只是会使结果更优。一些对可再生自然资本的破坏仍然存在。环境税带来的收益以及许可证出售的收入可以用来改善这一情况。

抵押的问题与上面所说的从劳动税到污染税的转移以及双重红利问题是相违背的，因为劳动税的减少降低了可以支出在医院和学校上的收入。如果污染税用来改善自然资本的状态，那么劳动税带来的收入仍然是需要的。在实践中，两个极端例子——全额抵押和无抵押——取决于纳税系统的整体设计以及税收改革政策的强力程度。虽然环境税在总体税收中占据一小部分并且收入效应占绝对优势，但是抵押在其中起到重要的作用。从向劳动征税大规模地向对污染征税转移的过程中，从污染税中获得的总体收入还需要覆盖非环境支出。在提供公共支出时，总体原则是设置一个约束，因此会形成一个支出优先次序来维护和强化自然资本。然而，目前的税收体系与更有效的整体设计相去甚远，纳税抵押将在可预见的未来发挥作用，从而污染税可以流向自然资本财富基金和消耗非可再生自然资本而获取的经济租金。

我们还需要对资金应该花在哪些项目上作出选择，因为现在还没有令人信服的理由说明资金应直接用于受影响的资产。问题中讨论的河流可能高过有关临界值，因而通过处理其他更接近于临界值或者远离最优水平的资产可能会带来更多的自然资本利益。这里做的就是净现值和成本收益分析，更多有关恢复计划的筹资问题在第四部分描述[①]。

---

　　① 　An example of direct hypothecation is the Landfill Levy, where the revenues were channelled through an environment fund, to be spent on environmental schemes. A levy of around €15 per tonne on the landfill of waste was introduced on 1 June 2002 under the Waste Management (Landfill Levy) Regulations 2002. It was designed to encourage thediversion of waste away from landfill and generate revenues that can be applied in support of waste minimization and recycling initiatives.

津贴的作用

原则上，环境价格可正可负，碳排放可以征税因为它破坏了自然资产。但是，也有经济活动会带来自然资本利得但却没有获得市场价格。这些正的外部性在市场上就会供给不足，因而需要额外的激励——津贴——来促进它们的供给。

津贴比税收更受欢迎这也许并不令人惊讶。事实上，农民没有缴纳环境税，但却获得了大量的补偿金。英国的津贴很多，占据了农民经济总产出的很大部分。农业净产值很小——大约是经济总量的0.7%。

大部分津贴与环境不直接相关，而是为了资助农民，提高产出——大多对环境会产生不利影响。尤其是在有浅层土和高生物多样性的高边际地区域更是如此。在欧洲，二战后的法律是在食物短缺的背景下制定的，因而旨在国内的自给自足；英国农业游说团体在提出自给自足的观点时是很有效的[①]。在欧洲，共同农业政策（CAP）占用了欧盟总预算的大部分，并为农民提供价格和收入支持。

然而，与美国的农业游说者相比这都不算什么。在大萧条时代，农业游说团体在联邦政府支持应对气候挑战和金融崩溃中脱颖而出，几十年来该团体在华盛顿有巨大影响力，农业部每年都会花费数十亿美元来补偿和保障农民，从而应对在农作物或收入上的损失。据估计，在2012年的选举周期，农业和保险游说团体花了至少5200万美元来影响政策制定者[②]。

约瑟夫·海勒1961年的经典小说《第二十二条军规》中描述了梅杰上校的父亲——一个农民，借以讽刺这种津贴：

---

① In 2013 the National Farmers' Union published yet another paper, 'It's Time to Back British Farming', supporting this largely spurious argument. http://www.nfuonline. com/back- british- farming/ news- channel/its- time- to- back- british- farming/.

② D. J. Lynch and A. Bjerga, 'Taxpayers Turn U.S. Farmers into Fat Cats with Subsidies', Bloomberg, 9 Sept. 2013, at http://www.bloomberg.com/news/2013- 09- 09/farmersboost-revenue- sowing- subsidies- for- crop- insurance.html.

"他的专长是种植苜蓿，但他因为没有种植任何苜蓿而得到了好处。对于他没有种的苜蓿政府付给他可观的价格，他没种的苜蓿越多，政府给它的钱就越多。然后，他把这些不是他挣的钱花在新的土地上来增加他不种植的苜蓿的数量。①"

这篇文章最突出的地方在于，经过了50多年之后，它反映的情况现在仍然存在。

这些不恰当的津贴会产生负面的影响。近期一个消极的例子是有关生物燃料的。这一想法是通过补偿金来鼓励低碳发电方式。然而在实际实施过程中，津贴里的一部分被农民拿走了，并且也并不是采用低碳的发电方式，反而对环境造成了不利的影响。热带雨林中的自然资本被摧毁了，用来为印度尼西亚提供棕榈油；在巴西，用来生产乙醇的甘蔗种植园被牛牧场取代了。在美国，农地被玉米占据，用来生产乙醇；树木被砍伐，用来为生物质发电厂提供木材②。玉米、乙醇的生产是另一种"特殊利益"，重量级说客为它而战，这一领域在近几十年来已经在津贴中占据了其应享有的合理份额，并且数以百万计的美元仍然在继续补偿它的增长，包括在全国的燃料站安装"乙醇混合物"③。

除了乙醇带来的环境利益，该行业已经为玉米人为建立了一个市场，把关键供应商从食品市场驱除，不可避免地造成了短缺，并带来了价格的急剧上升。

在这些例子中，合理的政策很简单：停止不恰当的津贴，既节省了资金，又挽救了环境。停止不恰当津贴是解决自然资本激励问题最先应做的，并且在这一过程中可以减少公共支出。这个例子就显而易见地说明了对自然

---

① J. Heller, *Catch-22* (New York: Simon & Schuster, 1961).

② For a survey and examples, see N. Myers and J. Kent, *Perverse Subsidies: How Tax Dollars Can Undercut the Environment and the Economy* (Washington, DC: Island Press, 2001).

③ For a concise critique of the perverse effects of subsidies for ethanol production in the US, see C. A. Carter and H. I. Miller, 'Ethanol Subsidies: Dumping Corn in the Ocean Would Be a Better Idea', *Forbes*, 6 July 2011, at http://www.forbes.com/sites/henrymiller/ 2011/06/07/ethanol- subsidies- dumping- corn- in- the- ocean- would- be- a- better- idea/.

资本的保护和强化会给经济体立即带来直接的经济利益，津贴带来的成本避免了，同时自然资本又得以改善。在直接受影响的全球生物多样性地区逐步淘汰这种生物燃料补偿金是十分紧迫的①。

并不是所有津贴都是不好的。在共同农业政策（CAP）框架下有不少津贴是有积极意义的，尽管它们难以弥补其他的生产和收入拉动支持带来的危害。这些属于所谓的 "支柱2"，包括支付给高等级管理工作和相关协议来以一种环境友好的方式管理土地。此外还有诸如让农田边缘带休耕、把土地从生产中解放出来的政策（尽管这主要是出于生产管理的原因而不是环境因素的考虑）。

津贴为上面讨论的污染者付费原则提供了一个有趣的例子。这里假定农民有权利通过利用农药、除草剂和肥料破坏自然资本，有权耕草地，同时专注于最大化农作物产量，但却是以自然资本为代价。共同农业政策（CAP）相关的津贴有效地付费给污染者让他们不再污染。理论上，根据科斯的观点，这与结果的有效性不相关。农民需要收费从而不破坏农田和生物多样性，他们只有收费了才会考虑环境因素。津贴由纳税人支付，如果农民没有权利污染的话，这些纳税人同时又作为消费者支付了更高的食品价格。在实践中，政府支出的限制意味着改善是非常不理想的，的确也是这样。

监管的失败

大量与环境相关的政策和上文所说的更加市场化的机制无关，都是关于监管的。监管覆盖了几乎所有与工厂、农场、建筑物、汽车等排放污水废气相关的情况。这些监管措施受到监管者的支持，并由他们修订和执行。

---

① The evidence suggests, however, that many such schemes are ill designed. See N. Hanley et al., 'Incentives, Private Ownership, and Biodiversity Conservation', in D. Helm and C. Hepburn (eds), *Nature in the Balance*: *The Economics of Biodiversity* (Oxford: Oxford University Press, 2013), ch. 14.

如果监管政策是解决问题的答案，那么就没有更多的工作需要做了，这些政策已经遍及方方面面。非但没有解决问题，事实上反而加剧了问题。监管政策需要迎合政府，经常还要适应污染者。通过设立限制和标准，监管者就融入行业之中。污染者不仅对监管的力度感兴趣，还对它的形式以及影响竞争的方式感兴趣。倘若在一个行业中的所有公司面对同一标准，遵守该标准的成本更高会使得新的竞争者难以进入市场，从而对在位者有利，保护了他们的市场份额。他们努力想要影响规则来达到他们的目的，许多大型污染方有整个部门来应对监管规则。此外，还有利用监管规则挣钱的企业，通过监控、检测、评估表现和出售设备的方式，具体情况取决于监管规则的具体形式。

监管者和被监管者是共生关系，在农场的例子中，国家农民联盟（NFU）已经把它转变为英国的一种艺术形式——尽管它并不是唯一的。几乎所有国家都有根深蒂固的农业游说者，农民有多种游说的目标对象——政治家、监管主体的核心办公室、媒体和政府部门。在战后的大多数时间里，有一个特殊部门负责经济体中这一小部分群体的利益。NFU的领导人经常被提到上议院，同时地主历来都是世袭贵族的重要组成部分，甚至环保机构有时也由地主主导。或许只有英国医学协会（代表医生）才有如此成功。难怪相对于绿色税这种污染成本，NFU更偏好监管政策和公共津贴，因为这与农民的利益是一致的。这一经验，在欧洲和美国都有实践，已经很熟悉了。如此多的经济租金已经不足为奇了。

监管是建立在目标和信息的差异之上的：委托代理问题。监管者的目标与被监管者的目标是不同的，并且存在信息不对称——监管方处于信息优势。污染方拥有最多的信息，他们了解成本和技术，他们披露信息的方式能够让监管者的选择适应于他们的规则。当他们没有这么做时，就会雇佣咨询顾问来说明监管的成本。监管者的这种监管没有先例，是从一张白纸开始的，他们又怎么会知道最优的污染水平，从而采取正确的监管规则呢？他们需要向污染者询问，通过他们披露的信息来获得答案。

拿蜜蜂和农民采用的农药来举例。监管者如何知道是否应该控制农药的使用以及应该控制到什么程度？政府和监管者会有他们自己的科学家，但是他们不可能在真空中实施。农用化学品领域的科学家以及农业组织反对他们，更糟的是，许多这些领域的科学家最终在这些领域工作。职业大门发生了旋转[①]。

另一个例子是转基因作物。环境方面的非政府组织之间的游说之争非常激烈，他们看问题非黑即白并且经常反对所谓的"魔鬼食物"以及花费大量资金广告宣传转基因优点的转基因作物公司，他们经常用相似的充满感情的语言来说明发展中国家穷人的需求。这些噪音科学能够在监管规则的设定中占据上风，这一想法简直是在做白日梦。

很难把监管规则的驱动因素仅仅划分为利益驱动，游说驱动，以及那些监管比市场化工具更优的情形[②]。通常来看，一个问题越特殊，就越有可能更偏好采取监管的方式来解决。市场需要参与者——许多买卖双方——来使其良好运行。特定地区的污染需要针对这些特殊情况的干预措施，因而监管往往是更好的选择。不幸的是，一个问题越特殊，覆盖的范围越大。首先应当考虑市场化工具，只有当阻碍很大时才去考虑监管。但是实践中，监管往往是最先而非最后考虑的。

一套基于市场的机制

目前的环境监管规则对于自然资本确实带来了较好的效果，监管规则的确已经帮助解决了主要城市的空气污染问题，河流质量也得到改善，不再受到过量污水和工厂的污染。自从20世纪中叶，海滩也得到清洁。如果没有监

---

① In October 2014 the NFU launched a major lobbying campaign to defend the use of a range of chemicals the EU was seeking to phase out and ban. See http://www.nfuonline. com/science- environment/ pesticides/nfu- responds- to- andersons- report/.

② D. Helm, 'Regulatory Reform, Capture, and the Regulatory Burden', *Oxford Review of Economic Policy*, 22:2 (Summer 2006), pp. 169–85.

管规则，情况可能会糟糕很多。

但是现状还不够好。在消费和环境恶化的潮流之下，监管显得很无望。问题是监管产生的成本是否能够带来充分的利益。任何环境政策都需要一些主要的监管元素，但是并不一定是首要或者唯一的工具选择。

市场化机制有其固有的优势，它们使得游说和监管更难产生影响，通常让污染者付费，筹集可以作为抵押的收益来解决一些环境损害问题，从而保护自然资本。

环境税的反对是很有说服力的，这一点并不奇怪。事实上，在它们实施的领域，这些税收已经遭受了持续的抨击。大量的高能耗使用者和农业游说者是强大的运营商，他们不仅消灭了大部分的税收积极性，而且获得了农民的津贴。但是可以预见的是，既得利益不会用于保护和改善自然资本。

忽略这些反对者的力量，或者认为他们在实现自我利益后消失，这些看法是很愚蠢的。由于这些原因——同时因为信息是不完全的，因而设定税收一直是不完美的——经济工具需要进行调整来解决可能产生的强烈反应。大多数情况下，最好开始定得比较低，让税收的原则先建立起来，而不是一开始就定很高。税收可以逐步征收。这同样也有"通过征税学习"的优势，可以发现税收弹性如何。

环境税的影响是鼓励生产者和消费者取代他们的污染活动。对于自然资本，替代效应很重要。如果收入效应占主导，那么事先直接识别它们很重要。如何利用征收的资金是一个政治问题，这对于纳税人来说极其重要。与税收反对者相对立的是一些可以从税收的使用中获利的群体。如果降低劳动税而转向污染税，那么劳动密集型产业（尤其是服务业）会获益。对于每个受损者，都要有一个获利者，从而才会有拥护税收的选民。努力推进经济工具就是要制造对于这些措施的兴趣，从而带来政治选民，也就是要进行正确的激励。

制定正确的价格，从而最终的污染者会面临生产者以我们名义带来的后果，这样可以改变我们的行为，并因而减少我们的环境足迹。这并不能消除污染，因为最优的污染水平不会为零，但这意味着我们在超市里购物或者在网上购物时的选择会反映为了使得蔬菜水果看起来更完美的塑料包装、农药、除草剂以及我们制造的废物、碳排放后果和所有其他对于自然资本带来的损害带来的环境影响的成本。

第九章　保护公共品

除了补偿和经济工具，自然资本政策的第三块组成部分是提供自然资本公共品。很多自然资本，可能甚至是大部分自然资本，都具有公共品的性质，因此，不能交给市场机制来提供。从全球性的重要大型野生生物保护区和国家公园，到学校运动场和城市绿地，从大气到环境网络、生态系统和基础设施，它们以各种不同的形式和范围存在。没有它们，我们的自然资本将会大为减少，并且，除非它们被积极保护起来，否则可能会逐渐消失。

通过自身机制，市场既不会产生也不会维持公共品。为了应对经济中这种难以克服的市场失灵现象，必须有人开始行动，提供并保护这些公共品。对于具体的公共资产和生态环境，志愿团体、俱乐部和信托机构所发挥的作用，与国家直接提供举足轻重。对于自然资本基础设施，自然资本公用事业公司要发挥关键作用。

这些政策被设计的怎么样取决于对问题根本性质的理解——什么是公共品的问题？不同的组织机构如何解决这些问题？什么时候俱乐部和信托机构出面最好？什么时候应该国家出面？公共设施模型如何能够为更广阔的自然资本基础设施问题提供一种解决途径？这些不同的组织机构如何在特定的情形下运作？

问 题

相比于私人品，公共品的本质特征是非排他性和非竞争性。以空气为例，在你自己呼吸空气的时候不能阻止我呼吸空气，并且你对于空气的消费并不能影响我从消费空气中所获得的收益。你不能把我排除在外，也不是我的竞争者。如果临界临界值没有被突破，则当我们都消费了我们所想要消费的量时，便获得了最大收益。

一个很明显的问题是，没有人有动力去提供这种公共品。对于空气来说，这无关紧要，因为至少在被污染之前，空气是由大自然免费提供的。但是很多公共品并不是自然被提供的。考虑一个保护区的例子：如果它不是被私人占有的，那么没有人会关心它被保护的状态。必须有人强力维护它被保护的状态，而这不仅会产生监督和执行的成本，也需要资本维持的成本。值得被保护的地区中，很少是纯天然的。以它最纯粹的形式存在着的野生自然几乎没有了，这恰恰是因为它没有被保护。

当没有直接的干预介入时，公共品的悲剧就发生了。让自然界不受打扰不是一个消极的行为，这需要一个积极的管理决策来排除种种经济活动的干扰，否则这些经济活动会过度开采资源。就像哈丁（Hardin）说过："毁灭是所有人所奔向的目的地，每个人相信社会中的公共品是自由使用的，并在此基础上追求最大的个人利益。而这种公共品的自由使用权会毁灭一切。"[1]正是公共品的非排他性带给每个人都能够使用公共品的自由，因此保护特定的地区和栖息地就需要解决非排他性的问题，而这种产权的创设需要一个政党（经常会是一个国家）来决定谁能使用公共品，而谁不能使用，同时决定在这块被保护的区域里什么活动将会被禁止或限制。这些积极的干预需要钱，反过来这通常意味着需要像消费者或纳税者那样，找到让人们付钱的方法。

这个问题出现在几乎所有的可再生自然资源的案例中：如果自然可以免费提供这些资产直到达到临界值，那么有效的解决方法就是每个人都拿走他们所想要的，这样总效用就会实现最大化，也即达到临界值。公共品的悲剧意味着，有足够的理由让我们相信，如果放任不管，临界值一定会被突破。大至海洋、雨林和河流，而小至乡村绿地、运动场和当地公园，这种事情正

---

[1]　G. Hardin, 'The Tragedy of the Commons', *Science*, 162 (1968), pp. 1243–8.

在持续进行。

因此，提供自然资本公共品需要一些形式的干预。纯粹的私人品部门的市场上的解决方法没有办法完成这项工作。有两条主要的路径来解决这一问题：一是创设俱乐部和志愿团体；二是由国家来提供公共品。基础设施效用模型是一种二者都可以被表达的方式。下面我们从俱乐部开始谈起。

俱乐部和志愿团体

为了管理自然资本资源从而使它们被保持在临界值以上，并且为了可以支付这种维持的成本，必须设立一个俱乐部来提供公共品，并且允许它收取会员费。只有当人们缴纳了会员费之后，它们才能使用公共品。这种会员费是固定的，并不取决于使用量的多少。会员的数量是被限制的，这样可以保证临界值不会被突破。对于一个会员来说，没有使用资源的限制，因此从技术角度来说，会员彼此是非竞争的，这也就意味着在俱乐部中所有的收益都会被所有的会员所获得。

很多例子可以帮助说明这一点。首先，考虑BBC的例子。这是非竞争性的，如果我看一个自然节目，这并不会影响你看时这个节目所给你带来的愉悦感。而且，实际上，如果我们可以在之后就这个节目进行交流，那我们这种共同的观看经历可能还会增加你的效用。所以，当这个节目完全免费时会实现最大收益。然而，问题在于，如果没有消费者付费，就不会有英国广播公司（BBC），必须有人付钱。解决办法就是资格费——一笔可以观看电视节目的资格的固定费用。这就相当于一种会员费。一旦你付了这笔费用，无论多少节目，你都可以随意观看。有些人可能被排斥在边界之外，是因为他们不能或者不愿意付资格费。但这是对效用损失的一种限制。BBC就是对这种纯粹公共品问题的一种俱乐部式解决办法。

第二个例子是我所在地区的钓鱼俱乐部。科茨沃尔德飞鱼俱乐部租用疾风河的部分区域以及牛津西部的河段。它照看这几片水域，检测污染，维持并增加鲑鱼的数量。在某种程度上，如果一个会员来钓鱼，它对其他会员造成的影响很小。但是，如果有很多的钓鱼者，那么边际成本将会迅速提升。鱼的储量会被消耗到临界值以下，渔业将会崩溃。所以，俱乐部会限制会员的数量来保证资源的数量位于临界值之上。它用会员费来支付维持河流质量和鱼群数量的费用，并且还用会员费来向河流的拥有者支付租金。这些费用会很高，高到对于某些人来说无法负担。为了使得那些可能被排除在外的人也能获得利益，俱乐部对老人和年轻人会有优惠价格，还会配给河流中一些河段的使用。

这只是能够有效提供公共品的方法中的两个例子。俱乐部是经济中非常普遍的现象。在所有情况下，都需要克服排他性和竞争性的问题。公共政策就是确保能够在准确的水平上提供这些公共产品并给予恰当的财力支持。俱乐部模型可以由许多不同的志愿团体、慈善机构和信托来提供。国家信托基金、英国皇家鸟类保护协会、植物生活俱乐部和野生生物基金就是英国为了解决这些问题而设立的志愿者组织中的一部分。大多数国家中都会有很多类似组织，它们的规模从大到小都有。

志愿性俱乐部和信托在提供、保护自然资本公共品和为大自然作更广泛的案例中有着很长并且很辉煌的历史。但是它们会受到会员为其付款的意愿和能力的限制，并且，毫不意外的是，它们的自然资本资产反映了它们会员的偏好和它们拥有的有限信息。相比于保护甲壳虫的俱乐部，保护鸟类的俱乐部更容易建立，而俱乐部和信托中资产的大小也会反映出这种优先级不同。而这样导致的结果，虽然也有积极的意义，但仍然可能不是最优的。

国家和保护区

当涉及更大范围的公共利益时，私人部门几乎没有激励提供公共品，而俱乐部也会被它成员的利益所限制，因此，国家成为了全国性和国际性自然保护区的主要赞助者。这包括了全球性的公共品——全球性的包括了大型国家公园和世界自然保护区的生物多样性热点地区。这些地区要求国际间的合作和协调，并且涉及关于全球性转移支付的艰难议题。在欧洲，有世界遗产地、联合国教科文组织基地、大自然基地，还有许多对于具体自然资本保护的国际协议[①]。

在国家层面上，大多数的国家提供并支持国家公园，以及很多更小的公共品。就像英国的例子说明的那样，政府的作用是普遍的。1949年的国家公园和土地使用法案建立了国家公园委员会并逐渐扩大了被认定的国家公园的数量[②]。该法案制定了在英格兰和威尔士地区建立国家公园和自然美质地区的框架，并且提出接近开放土地的公共权力。国家还指定了具有特殊科学价值的地点和自然保护区，这些都被国家的代理人——英格兰自然署所管控。地区政府也拥有自己的土地，包括自己的自然保护区。森林委员会拥有许多林地，并且经过二十世纪在高地上进行的巨大的针叶树造林工程，以及伴随其而来的环境破坏，委员会现在拥有更加广泛的自然资本。

这种复杂的干预措施网络正在全国很多地方实施。公园、自然保护区和受保护的地区占全国国土面积的数量大得惊人。再加上保护区、城市周围的受保护区域、其他的制定区域和更加普遍的计划法规，这种网络的覆盖几乎是完全的。换句话说，在大范围的农业地区之外，很少有地方不被这些限制条件明显地控制土地的使用。

英国政府也会通过英国皇家财产局来控制许多地底下的和海底的自然资源。国家拥有石油和天热气储备，以及其他的矿产。这些主要的不可再生资产使得政府可以创设一个基金，从而来获得经济上的租金并用这些钱投入于可再生自然资产的维护和增加方面。在这方面，美国是完全不同的。地底下

---

① See World Database on Protected Areas, at http://www.protectedplanet.net/.

② The 1945 White Paper on National Parks was followed by the 1949 Act to establish national parks in order to preserve and enhance their natural beauty and provide recreational opportunities for the public. The first ten national parks to be designated started with the Peak District in 1951, followed by the Lake District, Snowdonia, Dartmoor, Pembrokeshire Coast, North York Moors, Yorkshire Dales, Exmoor, Northumberland and Brecon Beacons National Parks.

的矿产属于土地上的所有者，从而使得经济租金的用途有一种特殊的制度上的扭曲①。

自然资本基础设施和效用模型

除了特定的自然资本资产的保护区外，还有一些通过基础设施网络来提供的自然资本公共品——河流及其流域就是最好的例子。它们提供了多重的生态服务，比如饮用水源、泄洪和娱乐。

基础设施可以从很多方面来定义。一种方法是依据它所提供的基本服务，例如交通、供水、污水处理、电力燃气和通讯。这些基本服务概念与社会主要资产联系在一起，被认为在跨代际内容中有特殊地位。基础设施服务通过网络来提供，并倾向于形成综合性系统。最终形成了基于成本和需求特征的定义。基础设施财产是资本密集型的：成本固定且是沉没成本，边际成本几乎为零。正是基础设施后面的这个经济特征决定了基础设施服务是公共品。边际成本定价法并不能弥补平均成本（因为边际成本低于平均成本并且经常接近于0），因此，边际成本定价法不能够提供足量的服务并收回前期的资本投资。

由于这些经济上（公共品）的原因，基础设施倾向于被垄断部门提供。没有竞争使得基础设施的提供者——公用事业公司可以从被抓住的消费者基础上获得收入，从而来根据平均成本而不是边际成本索取回报。然而，垄断部门存在它所特有的问题，并且，在提供基本服务的方面，如果一个垄断者没有被有效监管，它可能会获得更多的收入，从而获得超额利润。早期的实践经验表明，不受监管的垄断者往往并不能令人满意。在二十世纪，出现了最早的监管并进一步采取国有化措施。由国家来决定提供多少的基础设施，并由国家来提供然后强制消费者为之付费。

---

① This different ownership of minerals helps to explain why shale oil and gas have been developed much faster in the US. The landowner has every incentive to frack.

当公共事业费用从19世纪60年代在英国（其实是在当时几乎所有的发达国家）作为国家收入的一部分而出现的时候，当税收在19世纪70年代达到它的实际极限的时候，人们发现获得足够的公共资金来投资基础设施变得越来越困难，而且基础设施的价格也因为政治目的而被操纵。私有化逐步替代了国有化模型来降低公共事业费用的限制，一种管理公共品的私人提供者的新模型出现：公共设施管制。在美国这样一个没有经历过发生在20世纪的英国和欧洲的国有化浪潮的国家，这已经是一个十分常见的模型。

公共设施管制的挑战在于如何设计监管措施，从而保证在不损害垄断力的基础上依旧有激励来创造并维持基础设施。在这些自然资本基础设施的一个子集中，问题在于除了志愿团体、除了国家直接提供，是否还存在第三种选项来使用这种公共设施管制模型。

在一个标准的公共设施案例中，让我们以水为例，一个私人公司被颁发许可证从而允许它从事特定的活动并向消费者提供服务。作为回报，这个公用事业公司有资格获取合理利润率的回报。它要求资本以比如下水道系统、水处理厂等资产的形式而存在，并且提供劳动力来维持这些资产和提供给日常服务。

为了降低机会主义，监管者试图把价格定位为边际成本，从而剥夺公司一旦建成之后的投资的可能，这些资产会进入一个受监管的资产基数。这个资产基数是由监管者必须保证提供资金的一部分。举个例子，如果一个水务公司建造一个新的净水厂，它和监管者就一笔合理的建设成本达成一致。这个公司可以通过借款和用现在客户的收费来进行这笔投资。这部分钱并不是由消费者提前付的，而是一笔需要到期支付的债务（货到付款），并且同时需要支付利息。这笔债务会进入受监管的资产基数，由未来的消费者来支付。

在水的管制模型中存在一个更深层次的扭曲（除了很多其他私有化的公用事业公司）是资产被视作永恒的。它们永远被需要，更准确地说，它们提供的服务会永远被需要。因此，它们不会贬值，只不过需要资本保值的费用。这部分已经被纳入到自然资本会计计算的考虑中来了。因为资产在受管制的资产基数中受到保护且没有贬值，水务公司不会面临单纯的按边际成本定价的问题，并且资产的功能也不会逐渐减弱。换句话说，它们是持久不变的。

这个模型有许多与自然资产相关的特征。它要解决两个核心挑战：要维持资产原有的总量和确保在这个过程中它们不会衰减。这个模型可以推广到其他的自然资本资产。每一个案例都有它独有的特点，但是它们其中也有很多共同的、一般性的、公共事业公司似的基本特征。以两个非常小范围的防洪所面临的问题为例：布里斯托尔西南部的萨默塞特水平、埃克塞特和埃克斯河。在这两个例子中，挑战就是作为一个整体的流域。在流域地区山丘顶部发生的事情会影响雨水流量的速度，并且反过来会有助于洪水的形成。

洪水在萨默塞特地区是经常发生的。"萨默塞特"（Somerset）的意思即为"夏天的土地"，而居留地（Levels）是指在夏天的放牧传统，而后把它留给洪水和冬天的鸟类。这片区域的很多地方都位于甚至低于海平面，类似荷兰的一些地方，他们要么顺其自然，要么需要深思熟虑的干预。自然可以自己处理并适应，人们也可以插手干预。

干预的一种方法是建造坚硬的混凝土防御工事，另一种是建造泵站疏浚河流。水可以由堤坝收集起来，也可以通过疏浚的河流并被抽出，海堤和其他坚硬的阻碍物可以阻止水的流入。这就是东英吉利的芬兰德沼泽地干涸的原因。并且，在萨默塞特里面和周边，有大量的这种类型的基础设施。

坚硬的资本化的基础设施资产可以配置在一家防洪的公共事业公司，并通过向那些因此受益的人们强制收费来买单。这可以通过房屋、农田和工厂的水灾保险框架来实现，也可以通过物业费，类似水务和污水处理服务，从而实现资本保值。因此，这些资产也可以永远地得到资金并维持下去。

上面所提到的解决方法可能会奏效。通过足够的混凝土、疏浚河流、海堤和水泵，萨默塞特水平就像芬兰德沼泽地（荷兰的开拓地和环绕的堤坝）

和被防洪堤保护的新奥尔良市一样，可能会保持相对的干涸，即使这个花费可能会非常高。在2013-2014年的深冬，在萨默塞特水平只有相对小数量的房子受到了洪灾。疏浚河流和相关基本建设工程的额外成本估计是几百万美元。这个数量平均到每一所受灾的房子后超过了100万美元，这部分钱也应该加到农民的损失中去。

有一些明显先进并可以替代的便宜方法。这些房子很明显不值资本和洪水防御工事的维护成本，所以它们可以被破坏，而且他们的所有者可以从房屋价值中获得大量的溢价。新的房屋可以被建造成可以抵御洪水的类型，比如高脚屋。最后，水的上游资源可以通过对上游自然资本的投资而加以利用。土地——流域中的自然资本——可以被更好地管理。在周围丘陵的农民可以避免种植像玉米这种可能造成水土流失从而堵塞河道的作物。

所有的这些替代方法都需要花费资金，而迄今为止的问题是除了直接的政府投资，没有明显的收入来源。在萨默塞特水平流域内，没有一个清晰的中央协调者，来确保这些替代方法的收益和选择更加便宜的方法。这主要是政策失误的问题。农民在这里种植玉米，是因为CAP的设计和因为生物燃料所导致的对于种植玉米的激励。因为在保险市场上的政府干预，农民的房子可以从它们的水灾保险中获得补助。如果，一个萨默塞特水平公用事业公司成立，并且开始征收一种防洪的物业费，这种物业费可以叫作地方市政税或者水费。这些物业费付给这家新的公用事业公司，而这种收入可以在一定水平上支持这家公共事业公司受管制的资产基数中的自然资产，并且，这些收入也可以提供资本保值。

一种更加精细的融资模型还包括了来自于保险退款的收入，这种退款是对于采取的保护房屋的融资方法和帮助支付洪水受灾后恢复的方法的报答。CAP的资金可以转向更高层次的环境安排来确保高地获取雨水的能力能够得到提高。即使这些公共事业公司设计细节会影响很大，但这些具体的例子所揭示出来的一般观点：不论通过合并所有资产的方式，还是通过创设特殊的受管制的自然资本资产基数的方式，受管制的公用事业公司及其受管制的资产基数方法可以保护自然资本并且可以帮助确保为其提供资金。

第二个例子已经在公共事业公司模型框架中体现出来。西南水，一家受管制的水务公共事业公司，通过投资在埃克斯穆尔高地的埃克斯河流域的上游河段，来解决供水水质和洪水后的恢复问题。它阻塞了排水沟，所以泥炭沼能够吸收和存贮更多的水。早期研究显示，这个方法不仅达到了它最主要的目的——存贮更多的水，还在很大程度上加强了生物多样性，为水栖生物，例如鸲、蜻蜓和两栖爬行类动物，提供了更多的繁殖栖息地[①]。这就是重视自然资产所获取经济效益的很好例子。

公共事业公司模型的推广

公共事业公司模型在自然资本的相关方面有更广泛的运用。一个国家公园从许多方面来看都像一个公共事业公司。它有大量的自然资产需要维护，并且它提供了许多与自然资本相关的服务。这些支付是建立在预付的基础上。资本投资、资本保值和定期服务都可以通过本期收入来支付[②]。

河流流域使他们自己成为一个公共事业公司类型的模型，并且很明显的一部是要把防洪包括进来。林地和森林都是资本密集型的，而且他们也都服从公共事业公司类型的方法，并且确实在某些部分也已经暗自体现出来。它们几乎所有的成本都是在树木、资本保值和栖息地的投资上。林地和森林可以提供多重服务。木材是一种自然资本产品，而林地和森林则意味着更多。

---

① Peat bogs grow at an average rate of 1 millimetre per year in raised UK mires. For studies of peat growth rates, see H. Rydin and J. Jeglum, *The Biology of Peatlands* (Oxford: Oxford University Press, 2006), pp. 250–7; K. E. Barber et al., 'A Sensitive High- resolution Record of Late Holocene Climatic Change from a Raised Bog in Northern England, *Holocene*, 4 (1994), pp. 198–205; and J. A. Tallis, 'Blanket Mires in the Upland Landscape', in B. D. Wheeler et al. (eds), *Restoration of Temperate Wetlands* (Chichester: Wiley, 1996), pp. 495–508.

② National parks are not, however, confined to providing services. They carry out regulatory functions too, especially in respect of planning.

它们产出主要的休闲和观光价值，并通过它们的新鲜空气和享受它们所必需的锻炼来提高健康和福利。它们还可以是生物多样性的储藏所。

这些多重益处中的许多部分是没有办法通过仅仅关注于木材生产而得到的，而林业委员会的历史总是大范围且密集种植松柏类针叶树的历史，不考虑森林地面的光线，也不考虑人类和动物。森林已经被培育成只为生产木材而没有其他更多的用途。这在许多地方造成了很可怕的结果。高地已经被原本不属于这里的云杉和落叶松所覆盖。土壤已经酸化，河流被严重破坏。就像之前提到的，生物多样性被破坏，鲑鱼的数量也已经因为水生无脊椎动物数量的减少而产生了不利的影响。把能够带来更多公共利益的树木和森林当成最关键的资产的机会已经失去。针叶林已经在高地上被建立起来，远离人类和市中心。

因为木材作为主要关注点，森林的价值变得非常容易计算。树木有最初的种植成本，然后一些小的其他的成本需要付出几十年直到它们被收获。森林的价值就是价格乘以收获的木材数量，然后减去种植和伐木成本，并通过一些合适的资本成本率来贴现。对于一个好的方法，由于投资的长期性，对于森林投资的税收减免是理所应当的。

正如萨默塞特水平，是有可能做得更好的。就像贝特曼和他的团队已经计算出的那样，附属的娱乐和健康价值是非常大的。[1]他们提出了令人惊讶的，甚至有些激进的方法，从我们的森林和林地中获得更大的收益。通过强调娱乐收益，他们指出林地位于哪里关系重大。如果靠近大都市，那么娱乐价值将会飞涨，因为有更多的人可以被包含进来从而获得这些收益。如果位于人烟稀少的遥远地方，可能会有比较少的游客，因此娱乐价值就会比较低。

---

[1] I. J. Bateman, A. A. Lovett and J. S. Brainard, *Applied Environmental Economics*: *A GIS Approach to Cost–Benefit Analysis* (Cambridge: Cambridge University Press, 2003); and A. Sen et al., 'Economic Assessment of the Recreational Value of Ecosystems in Great Britain', *Environmental and Resource Economics*, 57:2 (2014), pp. 233–49.

　　反驳的观点指出，林地是为了野生生物的，因此位于人烟稀少的遥远地方，它们会受到更少的打扰，更多开放的乡村而不是混凝土筑成的城市会围绕在森林周围，才更有可能繁荣。真的能确定位于威尔士中部乡下的林地要比位于加的夫郊区的林地好吗？这取决于自然资本所产生的不同的生态服务价值如何被衡量。是不是在威尔士中部存在更多的松鼠要比青少年能够在加的夫市中心附近进行山地骑车运动要更加重要呢？林地位置的选择屈居于两种不同地点所带来的相关的人类福利。

　　这些防洪和林地的例子都是独立的。不难看出这些自然资产是如何联系成一个整体，并且也不难看出一家公共事业公司是如何在许可证允许范围和适当的监管下联系它们的。国家公园也都是独立的实体，并部分已经成为公共事业公司。其他的自然资本形成更加异质的群体，既能够被分解成局部的公共事业公司，也能在一个单一的组织形式下联系在一起。一个单一的公共事业公司可以在一个整体中基于区位基础在地理上被组织起来。即可以有一个全国性的自然资本基础设施费用，也可以有在一个单一的组织形式下将不同的收费加总起来。

　　大的组织形式有很多明显的问题。除了管理这样一个组织所产生的纯粹的管理问题，被捆绑在一起的资产也会非常不同。在常见的公用事业公司基础设施中，每个部分都有一套公用设施。而在很多案例中，尤其是在水和电力分配中，这些会被进一步分解成地区公司。至于我们上面提到的例子，在每一个地区或流域有一个单独的防洪公共事业公司或者一套防洪设备。这可能有一个单独的公园组织——国家公园公共事业公司，就像每个人有一把雨伞一样，或者每个实体可以在独立的基础上运作。相似的情形应用在自然保护区——一个自然保护区公共事业公司，一个地区集合，或者每一个都能成为分离的实体。海洋自然保护区可能要放置在海洋组织中，而林地则可以自己成为一个单独的实体来成为一个公共事业公司模型。

　　存在独特和理想的组织结构是不可能的，而一个更实用的方法是推出一个或者两个例子然后逐步在自然资本资产中推广。不能覆盖所有的资产并不是很大的问题。更重要的是，至少使得一些自然资产能够位于受管制的资产基数的保护之下，并确保他们的收入流。

通常反对的观点和在防洪例子中出现的问题是，在实践中收入流不能被清晰地界定。在防洪的例子中，钱已经以政府基金加上来自其他方面的出资的形式花掉。给定现在已经花出的钱，最少应该达到的是给出更好和更可持续的输出。超出这个水平来从受益人那里获得更长期的收益需要把保险和农业支持付费带入这个框架。

自然资本公共事业公司的收入

依靠转移补贴或政府直接出资的策略通常是危险的。英国政府既不可能是可靠的出资者也不可能给予长期的赞助。这样短期的资金无法创建和维持长期资本资产。事实上，很难想象政府可以保证私人投资者得到足够的资金来发挥他们公司的功能。

直接由客户付款也不可能覆盖整个自然资本公共事业公司的成本。无论是对每个新顾客收费以用于洪水防御，还是对进入国家公园收费，都会遇到政治阻力，而且技术也不支持收取入门费。伦敦已经在征收拥堵费，而且庞大的客户可以覆盖系统的成本，然而在埃克斯穆尔国家公园边界的道路上征收费用并不现实。开放式的景观也不能像国家信托公园或者历史建筑一样采取会员卡的进入模式。相反，公共资源应该开放使用。

这里并不是反对在可能的情况下征收使用费和会员费，在除此之外的大部分情况下这些费用是有必要的。除了上述所有情况，两个可能的经济来源是不可再生的自然资本的消耗租金，以及来自污染税、拍卖许可证和赔偿金的收入。这些可以部分用于支持自然资本公共事业提供的积极的外部环境因素的运输，以及进一步增强这一利益。

有了这些额外的收入，总公共事业结构如下：确定一种自然资本资产，比如林地。建立一个公司并且授予指定功能的许可证。资本支出、资本维护和运营成本会在一定时期内一致增加，比如五年，之后定期审查。投资成本取决于在数量和质量方面扩大林地的经济性，这同时也是在估计投资产生额外收益之后合理的投资。这些费用给现有资产增加了回报。在这种情况下，投资的成本用来创建林地。这些加起来构成了总收入的条件。

　　总收入来自生态服务业的收入，比如出售木材，以及废料如树皮碎屑，以及生物质发电厂燃料。其次是碳截存的服务，如果有一个许可机制的话，这些可以在碳市场上出售，或者如果对碳定价的话，也可以从碳税中获得收入。如果林地也同时赋予了休闲、生物多样性、健康和其他功能的话，这些收入不可能覆盖林地的总成本。不足的部分则可以从各种补贴、污染税收入，以及上面提到的非可再生能源的开发上弥补。

　　有人可能认为，从污染税收和非可再生能源得到的资金应该用于未来的利益，而不是现在—即需要资金的代际转移。这可能既能保证在现有的公共事业模型中有资金支持自然资产，也可以把资金传送到下一代。这样做确有好处，但是有两个不足。第一，现在投资可再生能源，下一代可能获得额外的利益。来自非可再生能源的收入应该用于创建更多自然资本资产，而不是现有资产的运行和维护。其次，以我们现在的情况，这种发展模式还远远达不到可持续发展的模型。是否选择投资和维持自然资本是一个现实的问题。可以认为，相比维持现有模式，尽管需要抵押本可以转移到下一代的收入，去投资和维持自然资本可能更接近正确的答案。

借款和负债融资

　　英国公用事业私有化的原因之一是，他们可以借钱投资。这个想法是为了从现有的政府收入用于投资的公共部门模式转变为客户得到服务时支付的"货到付款"模式。这个实用的模型通过创建一个私人部门的资产负债表来帮助实施。

暂时抛开公用设施要借款是否必须是私人的（显然并不是）这一问题，这个想法是否可以应用于自然资本？自然资本公共事业公司是否可以借款来投资？如果可以的话，这是不是一个好主意？

借债的一个关键标准是，借款人是否能偿还债务。只要维护资产完整——其价值由资本保值维持——没有必要能够偿还，因为资产仍为抵押品。债务偿还意味着利息支付，如果利息反映了风险，总有人会愿意持有债务。事实上，大部分政府债务都是如此。永远不会被全部偿还，每当一期债务到期时，政府都会再借一些。

至于自然资本的资产，债务偿还意味着有足够和可靠的资金流来说服贷方出资支持活动。可以借出资金供给全部资产，或者只支持特定的一部分投资。重要的是收益问题是否已经解决。

更棘手的问题是关于借款是否是个好办法，如果答案是肯定的，那么在什么情况下是个好办法。有一个明确的可持续性要素。如果现在一笔投资用于创建一个新的自然资产，后者可以被永久地维持下去，下一代可以继承它，那么就是可持续的。当前这一代人只应该为那些新的资产所产生的服务投资。换句话说，下一代实际上在与我们订立合同，如果我们投资建立新的资产以使他们受益，他们将承担为此产生的债务。这是一种新资产和新负债，如果在扣除资本保值的消耗之后，新资产所带来服务的价值超过了利息支付，那么在资产负债表上资产可以超出与债务相互抵消的部分。

私有vs公有

到目前为止，我们一直刻意回避所有权问题。上一次英国政府提出讨论私有化的自然资产这一问题是在2010年，同时讨论了出售部分国有森林的建议。这引起了社会广泛的抗议，包括神职人员、主流政治家和环保团体和非政府组织。民众反对如此强烈，以至于政府成立了一个利物浦主教主持下的独立小组来审查林业，毫不意外的是，这份报告强调森林的精神价值以及对公有制观念的政治承诺①。

有趣的是，在公有制下对林地和森林经营情况的审视极少乃至没有，特别是上述讨论过高地针叶松砍伐造成的环境破坏。公有制并没有给出很好的解答，保持公有制的唯一理由似乎是私有制下情况可能会更糟的观点。另一个有趣的现象是，考虑到私营部门进入这个行业已经很长时间了，竟然仍然没有比较公共和私有林地状况的尝试。

也许利益动机是最让主教和他的支持者们心烦意乱的。从林地中获取利润看起来是个错误的尝试，因为林地与其他商品和服务是不同的。公平地说，许多公有制的支持者也会问，其他的公共事业，诸如水、能源和交通，是否也应该成为营利的行业。

不管异议如何，这个效用模型和借贷的能力，最终被证明不需要私有制产权。可以有信托或者其他非营利组织和不分红组织——比如商业的琼露易丝或者慈善事业的国民信托。在有限公司外，有许多不同的商业和组织形式：BBC、牛津学院、英国铁路网络公司、合作社、威尔士水厂等等都是在完全的私有制和完全的公有制之间的。从绩效看，有的令人印象深刻，比如琼露易丝合作关系；也有的一团糟，比如近几年的合作社，其中大部分多少经历过管理问题②。

这一信托模式有很多的优势。它有慈善和公益性的目标，又在政府控制之外。证据表明人们愿意为这些类型的组织工作，它们中的很多也吸引了志愿者亲身致力于其目标。民众愿意对信托机构赠予遗产或提供捐赠，而永远不会对营利的私有公司或国家和地区政府这样做。

信托机构或许可以解决公众认知的问题，却并没有很好地解决控制和管

---

① Independent Panel on Forestry, 'Final Report', Department of Environment, Food and Rural Affairs, 4 July 2012, at https://www.gov.uk/government/publications/independent- panel- on- forestry- final- report.

② See Robert Skidelsky's account of Keynes's extended version of the state in the first volume of his biography, *John Maynard Keynes*: *Hopes Betrayed, 1883–1920* (London: Macmillan, 1983).

理问题。尽管早在20世纪八九十年代公共事业民营化可能有一定的意识形态原因，但同时也有明确的控制和管理激励机制，从而提高企业效率的优点。受托人控制信托，在原则上也是他们任命管理。那么谁选择受托人？答案通常是成员。也就是和俱乐部模式一样，谁支付了会员费，这是决定性的。国家信托基金和英国皇家鸟类保护协会遵循这一路径。

风险在于，受托人成为自我选择的，并且利用各种渠道的收入来追求自己的目标，或者干脆变得懒惰。他们通常会成为类似垄断的，并且正如经济学家约翰·希克斯曾经指出的，垄断的最大利润是一种平静的生活[①]。为了避免这在自然资产的情况下，这成为看似遥不可及的可能性，有必要回顾一下为什么有慈善委员会，以及关于慈善事业的诸多丑闻。

在完全竞争的市场，业绩不佳导致市场份额的丧失。但在许多核心公共事业中，这是不可能的。比如在洪水防御工程或国家公园信托中，都不会出现这种情况。在石油和公共事业中，有必要设置监管来评估绩效和制定价格。无论受托人是否可以信赖，是否可以有效地履行承诺，往往是开放性问题，而不能被视作理所当然。自然资本的治理需要大量的关注。

对于那些抗拒俱乐部和实用模型的人，有个明显的还击。公共产品提供的大杂烩中有许多值得赞扬的成功案例，但除了相对广泛之外，它们总体的影响远非令人满意的。诚然，哪个模型最为适用取决于公共物品的特性（这经常有地方特色）、更广泛的制度和法律设置，以及可用的资金流。在英国有效的在美国未必有效。然而，这些不同的公共物品的部分的总和并不能产生最佳的整体。产生的自然资本综合体是碎片化的，有历史的偶然，往往聚焦于并无其他用途的边缘土地的保护。

金融同样是碎片化的，并且当利润被设定与成本对立时，往往是不恰当的。在上述交付机构中，很少有明确规定来维持资本，确保他们控制的自然资本不恶化。在最好的情况下，目标是相对于已有的现状达到边际改善。

---

① J. R. Hicks, 'Annual Survey of Economic Theory: The Theory of Monopoly', *Econometrica*, 3:1 (1935), pp. 1–20.

然而，这是思考如何更好维持和改善自然资本的起点。在常规经济基础上，继承而来的保护区、防洪设施、林地和其他自然资本不太可能持续，更别提增强了。大胆的步伐是需要的。自然资本和公共事业有共同的核心特征。自然资本的效用，在俱乐部、信托机构和慈善机构之侧，作为核心动力以满足总自然资本规则。最重要的是框架缺少了什么。而这是下一个任务。

第十章　回报：恢复自然资本

维护自然资本总体上不受损害将是巨大的成就，维持现状只会为21世纪带来灾难。全球经济16倍以上的增长，再加上与之相关的消费和额外的30亿消费者，这些挑战将会是真正意义上的灾难。

发达国家无一遵守警戒线就是证据。发展中国家的情况很可能更为糟糕。中国一度被描述为环境重灾区，而印度、南非洲和巴西是经济发展与自然资本产生冲突的最好的例子。

当前的情况远非最理想的状态。现代农业已经毁坏了世界上许多植物群，而且对鸟类和哺乳动物的种群造成很大伤害，更不用说农药和化肥对无脊椎动物和鱼类造成的有害影响。实际上许多物种现在都生长在被边缘化的地区，被绿色和黄色的沙漠所包围，很多已经在混凝土和柏油路的包围中消失了。

因此有人声称，紧守现在的防线阻止更多的破坏已然足够，这样的说法简直荒诞。目前，未达到最理想的状态是有目共睹的。如果仅仅是防止空气污染变得更为严重或者控制河流中目前的化学和生物污染程度，即便中国人也不会认为这就算成功。

为了得到一组更优的自然资本这项回报，比起许多在本书中已经提及的大量必要的当地案例中个别的改进点，我们更需要一个广阔的蓝图，注重系统和基础设施的大规模修复，对河流、自然景观和海洋的全面一体化改进，而不是一系列尽管有价值却规模较小的项目。那难免是一个投机框架，只是发现一些机会修复，去试一试有没有可能实现。

如果政府真想阻止自然环境被进一步破坏并给后代留下一个更好的自然环境，那么必须采取哪些步骤呢？

规模的改进：大规模恢复的案例

一个重要的科学发现是，生物多样性的水平是一个关于栖息地规模的函数。生物多样性水平的增速往往比栖息地规模增速要快。这个发现不仅适用于物种的数目，也适用于种群的稳定性。在一个更大的受保护的区域内不仅有更多植物、鸟类和哺乳动物，而且每个种群内部往往变得更好。

据此推论，被现代农业和城市扩张所包围的自然孤岛很可能会面临种群数量越来越少且不稳定的处境。作为建设和发展的补偿，东一个自然保护区西一个绿色修复对实现自然资本和生物多样性是不可靠的，真正重要的是扩大现有的保护区和公园，特别是将它们在地理基础上联系在一起。

1966年，爱德华·奥斯本·威尔逊和丹尼尔·辛贝洛夫在佛罗里达群岛做了一个著名实验来研究这一效应。1883年喀拉喀托火山爆发后，岛上没有生机，受此启发，他选择了四个小岛并雇佣了一个害虫治理公司去消灭岛上所有的节肢动物，然后观察岛上的生物再进入过程。在此两个因素起到了关键作用：区域效应和距离效应。出现区域效应是因为更多的区域意味着更多的空间，更多的空间意味着更大的种群，更大的种群意味着物种寿命更长[1]。距离效应是指接近其他岛屿，也即是接近外来物种。在他的实验中，所有岛屿与移民来源地的距离大致相同，因此其充满外来物种的速度也大致相同，但更大的岛屿，拥有更大的区域效应，从而最终更具生物多样性。

对于距离效应我们可以做的事情事情很少，除了对于不受欢迎的物种进行检疫，进口限制和根除计划，以抑制这种效应[2]。总体上对于生物多样性而言，距离效应意味着本地生物多样性增强，而由于人类介入导致的外来

---

[1]　E. O. Wilson, The Diversity *of Life* (Cambridge, MA: Harvard University Press, 1992), p. 209. This can be expressed in an area–species equation, $S = CA^z$, where S is the number of species, C is a constant and A is the area. Z is a parameter which holds constant for a given group of organisms and a set of islands.

[2]　It has been convincingly argued that island biogeography is dominated by the economic isolation of human populations, instead of the geographical distance. See M. T. Helmas, D. L. Mahler and J. B. Losos, 'Island Biogeography of the Anthropocene', *Nature*, 513 (2014), pp. 543–6.

和入侵物种的迅速增加，全球范围内生物多样性降低。在许多栖息地，距离已几乎消失，并创造均质效应。正如世界各国首都的主要街道都有同样的商店，世界各地都有被人类或有意或无意引进的，来自世界各地的同样的植物和动物，从英国的兔子到澳大利亚兔子，赫布里底群岛的刺猬也是一样；还有出于意外或是逃脱，日本的尖头蓼、喜马拉雅凤仙花、加拿大的眼子菜、绒螯蟹、美国龙虾和水貂。荷兰榆树病和灰枯梢病分别是意外引进甲虫和真菌的进一步的例子。航空、水运、旅游、动物和植物收集以及花园已经取代了偶然的殖民进化。

我们可以很大程度上影响地区效应——通过使其增强而获得经济学家所说的环境规模经济。一个本地化的例子说明了这一点，在牛津西边的泰晤士河上流沿岸，当地的野生动物信托购买了一个农场——名为"有烟囱的草地"——一个没有现代化的农场①。这里有点落后，农业化学品没有为其带来改善。对现代农民来说，这里效率低下、田地太小，而且排水设施落后。结果，这里成为了曾经遍布乡村的自然生态的绝佳地点。当地野生动物信托购买农场的原因不仅是创建一个自然保护区，防止它被"改善"，还因为它位于泰晤士上游河谷，那里有一系列旨在保护水草地的农业—环境保护计划，和许多其他自然保护区。在格拉夫顿有蛇头贝母，在更上游还有科茨沃尔德水上公园。河流作为走廊将所有这些连接起来。泰晤士河长距离蜿蜒曲折地通过这片风景，许多人依旧能够享受到这幸存的自然资源。距自然保护区几英里的上游，水草地在合适的季节被作为牧场，让野生花卉得以成长。田野在冬天被淹没，放牧季很晚才开始，鸟类的繁殖季节结束后人们才会收割干草。在繁殖季节，杓鹬的声音在这些草地回荡。

泰晤士河上游还有其他相关的野生动物资源。曾经大面积的砾石开采，留下绵延几英里的一串人造湖泊，特别是牛津上游到恩舍姆，斯坦湖市，直

---

① For a description of Chimney Meadows and a map see http://www.bbowt.org.uk/reserves/chimney-meadows. Details of the wider restoration plan for the upper Thames can be found at http://ibrochurepro.com/11620LivingLandscapes/ib/.

到莱奇莱德一线。湖泊彼此接近意味着水鸟和两栖动物可以很容易地从一处迁徙到另一处，随之迁徙的是水鸟脚上的鱼卵。这里是观鸟者、行者和钓鱼者的，甚至在有些情况下也是水手们的麦加圣地。"有烟囱的草地"的宝贵不仅在于它自身，更在于它在泰晤士河上游各保护区拼图之间开了槽。这些自然资源协同后产生的价值，比独立的保护区更大。简而言之，它有明显的区域效应。

　　区域效应可适用于绝大多数的河流系统和海洋环境。有干净水的上游水系对许多种类有利，但如果下游有大量的污染，洄游鱼类如鲑鱼和鳟鱼将不能存活，他们因此将成为自然物种组合中的缺失部分。将伦敦的泰晤士河和下游河口的污染清洁干净非常重要，其重要性不亚于确保上游有适合的产卵床给返回的鲑鱼。类似的故事同样适用于让鲑鱼回到莱茵河这个欧洲主要河流系统①。区域效应对所有迁徙类物种尤其重要：如果其他地区环境恶化，那么只在一边创造良好的栖息环境是没有什么用的。迁徙的规模可以非常大，像非洲的大哺乳动物迁徙，也可以是地方性的，比如候鸟依赖于特定的湖泊和盐沼。

　　鉴于区域效应的重要性，改进可再生的自然资本储量的关键在于大量大型项目的识别，及对连通性的强调。这些专注于三大支持经济的核心环境基础设施：河流，土地和海洋栖息地。在国家层面，一个良好的开端是提供自然资本走廊给所有的主要河流和它们的集水区，因为这些河流和集水区是生物多样性的捷径和自然资本的基础设施结构。

河流恢复

　　重要自然栖息地的表面在河流的影响下变得纵横交错。这些自然栖息地都是典型的系统，里面的集水区可用来发展排水系统和防洪设施，以及用于

---

　　① For details of the Rhine salmon recovery plan, see http://www.iksr.org/fileadmin/user_upload/Dokumente_en/rz_engl_lachs2020_net.pdf.

工业革命时期的水上运输。连接河流系统是十八、十九世纪的运河建设者的目标之一。由于大规模的调水和灌溉，在一些国家很容易发生干旱。这些河流系统是大规模恢复的候选项目。同时，也有很多大规模恢复的例子，如泰晤士河。河流系统不只包括河流本身，也包括周围集水区的土地。河流中的大部分污染来自养殖场，生活污水和工业废水。

改善河流集水区有几种方法。一种是欧盟，特别是水框架指令（2000）采取的路线，其做法是为河流水质设定最低标准，并要求必须满足该标准。与之类似的一种方法是采取洗浴用水限制。水框架指令定义了哪些是河流或海滩，并说明了应该达到的最低标准是什么。

上述方法看起来像一个全面恢复和改进河流问题的方法，但显然它并不是最好的方法。不是所有的河流都发源于同一个地方。一些河流已经处于良好状态。在偏远地区，上游河流不易发展工业和大量人口居住。如果地形多山的话，也不太可能发展现代集约农业和与之相应的农药。相比之下，流进工业中心的河流往往呈现出非常不同的状态。自曼彻斯特和利物浦在工业革命开始后，墨西河就被严重污染；莱茵河非常不幸地流过德国鲁尔的工业中心；美国的和俄亥俄河几十年来已经被城镇径流、农业活动以及废弃的矿井严重污染。在这种情况下，许多河流已经濒临衰竭，几乎无生命存活。甚至有这样的标志性的例子，即被污染的河流着火了，原因是河里面有毒化学物质。在中国，很多这样的河流遭到各种形式的环境破坏[1]。

河流恢复通常是一个管理资源过程，因为资源不是无穷的。那么应该从哪里开始恢复，应该专注于什么呢？根据欧盟的做法，每条河流需要满足最低临界值，这决定了大部分资源应该被指向污染最严重的地方。然而，经过片刻的反思，我们可以知道对于一条已经死亡的河流，边际的一丝改善不会

---

[1] The most infamous US case is that of the Cuyahoga River fire in 1969. See http://clevelandhistorical.org/items/show/63#.VEt9PYvF800. For an example of the state of Chinese rivers, see 'China Pulls Nearly 6,000 Dead Pigs from Shanghai River', at http://www.bbc.co.uk/news/world- asia-china–21766377.

起到什么作用，而通过除去生物丰富的上游河流中的磷和硝酸盐则可能会起到很大效果。从自然资本的角度来看，欧盟的方法长期效率低下。

举个例子，做什么对于野生鲑鱼种群最为有益？清理莱茵河和泰晤士河使其达到一个足够的标准，这将是一个不可思议的昂贵的活动，而确保特威德河，英国最好的适合鲑鱼生存的河流，足够清洁以支持每年数以万计迁移过来的鲑鱼是更重要的，且具有更大的成本效益。

这些例子说明了一个普遍的观点。那种漫无目的的做法，试图同时改善所有河流以达到相似的标准，很可能是一个代价高昂的错误。治理生物多样性热点地区和治理污染的土地具有同等的优先级，要首先将资源导向到污染和退化最为严重的地区。稀缺资源需要被引导到边际效益最大的地方。

进一步讲，由于这些水系在很大程度上都是公共产品，关键不是边际成本和对特定的河流进行小片改善所获得的好处，而是应该把河流的边际成本和效益作为一个整体。回顾伦敦的圣詹姆斯公园的例子。修复不是要破坏、削弱公园的一个小角落，而是要增加新的区域。每个额外的一点只有一点点边际差异，但把大量的一点放在一起，区域效应就会显示出来。这就是区域效应的含义，它需要一定的流域规划和一个专注于流域规划的组织。

人们需要将河流作为一个整体去考虑，这意味着把自然资产为人类提供的各种服务加在一起。质量良好的河流提供饮用水、工业用水，能够用于灌溉、运输、污水处理、喂鱼、划船、休闲娱乐、锻炼和生物多样性等。河流的状况决定着洪水是否泛滥。每项改进需要与集水区规划相适应，各流域集水区规划需要将这些收益加总起来。更复杂的是，该流域覆盖了大量的土地，因此土地恢复也需要与集水区规划相适应。各种栖息地系统都需要相互适应。

回到上泰晤士河和烟囱草地自然保护区这个极具地方特色的例子以说明这个一般观察。这不仅是一个奇妙的地方，适合参观、放松和享受野外生活，同时也位于泰晤士河冲积平原上——它可以吸收上游洪水，保护牛津郡免遭洪水。我在牛津大学的时候没有发生洪水的部分原因是因为大量和持续的降雨在上游集水区被吸收了。自然保护区是一个受欢迎的划船路线——河流可通航到莱奇莱德，它还是之前提到的麻鹬草甸走廊的一部分。以上这些都是自然保护区带来的效益。野生动物信托基金也在努力改善上泰晤士河的其他方面以及它流向牛津北部的支流，特别是河雷。这其中包含了奥特姆，它是另一个很适合湿地鸟类生存的地方，无论是育种还是越冬。它能储水，不然的话牛津郡将会被淹没。奥特姆的状况对于该地区的洪水泛滥非常重要，但其造成的影响取决于靠近烟囱草地的泰晤士河上游的状况。它们完全属于一个系统。在牛津下游的城镇中，其流经的水来自奥特姆和上泰晤士河。

想要实现这些效益需要对整个泰晤士河有完整的财务会计框架，以及自然资产资本维持和资本增强的基础。在这个方面，公共事业模型将派上用场。泰晤士水务公司覆盖了泰晤士河流域大部分的污水处理系统，但它不管理航运及控制河水流动的开关系统。洪水管理和泰晤士河水闸属于环境工作局和下游伦敦当局的工作。农业环境方案的设计和管理则属于英国环境、食品和农村事务部的职权范围（欧盟委员会最终负责）。野生动物与自然保护区掌握在各种野生动物信托手中，如皇家鸟类保护协会、林地信托、国民信托、运河和河流信托。在供水和污水处理方面，已经建立起了一个受监督的资产基础，但是对于其他方面，这样的资产基础还未建立。然而，人们有理由对这样一个庞大的、涵盖了所有方面的组织感到担忧，也有理由相信职责的碎片化会导致系统规划的碎片化——这些将损耗流域内的自然资本。

如前所述，水框架指令要求提升河流的生态地位，于是有了一系列旨在提高河流自然资本价值的雄心勃勃的目标。但是，只关注河流提供的生态服务和其带来的福利是不完整的。为了提高效益，基于河流的规划将包括两个附加功能——河岸及毗邻土地管理；提供通道、教育和旅游设施，以确保收益的最大化。所以，水域规划应该包括周边土地的农业管理，城市河岸的治理，公众访问权限和人行道，并考虑洪水管理中当地水分保持问题。坚硬混凝土材质的城市河床虽然可能不会阻碍鱼类沿着走廊上下游动，但它对于许多河床物种来说则是一个巨大的"禁止入内"的标志。

这个问题的一部分在于将现有的行动组成一个互相联系的整体，使其优于各部分独自作用，并在这个过程中扩大保护区，增加生物多样性的区域效益带来的收益。从国际上看，更有野心的说，这是一个将整合起来的自然资本应用于全球大河流的问题——如湄公河、密西西比河、亚马逊河、刚果河、恒河、莱茵河、多瑙河、伏尔加河和第聂伯河。这些不只是孤立考虑的全球热点。这个值得努力争取的东西是一个针对每条主要河流的综合的自然资本计划。实际上，该计划可在全国范围内启动，然后逐步扩大覆盖面。

土地复垦

劳顿报告"为自然让出空间"，让英国的大片自然景观得以恢复[1]。认识到我们再也不能试图回到过去的世外桃源，任何恢复计划不得不从我们所处的位置出发，而不是从我们想在的位置出发。自然景观已经遭到严重破坏，但大多数国家已经有了拼拼凑凑的保护区——自然保护区、慈善机构和信托掌管的地方、具特殊科学价值地点、绿化带、森林、林地和国家公园。我们面临的挑战是建立在这些已有的保护区基础上提升它们，而不是从一张白纸开始。

有三大策略可以改善嵌在这些资产中的自然资本。第一个策略是让现有的资产更好——通过改善栖息地来提升保护区。在大片针叶林边缘种植落叶树和乡土树可以软化森林，森林可以逐渐向更多样的生物物种更有成效地开放，也可以让人们更易享受到实惠。湿地可以被恢复，例如埃克斯穆尔的例子，得到生物多样性、储采集以及碳储存的好处。通过如创建和维护树篱，

---

[1]　J. Lawton, 'Making Space for Nature: A Review of England's Wildlife Sites and Ecological Network', report to DEFRA, Sept. 2010.

开发湿地，恢复干草草地等措施，可以改善自然保护区。条件不好地区的具特殊科学价值地点可以管理得更好。这需要足够的资本维持和资本投资相结合，这里的奖项是提供连贯的计划以提高所有这些资产的状况，让他们达到相当于上文提到的欧盟水框架指示中"良好的生态状态"的土地水平。正如水一样，一些东西比其他的更重要，但建立可接受的最低条件作为基线是一个良好的开端，也已经有关于具特殊科学价值地点的目标。然而，一个实现它们的连贯计划在很大程度上是缺失的。

第二个策略关注在地图上这些保护区之间的间隙，这就是走廊兴建的地方。填充这些间隙可以简单地用绿篱围出供物种在保护区之间移动，这样它们就不会被大量耕地场隔离；通过购买和提高临界区位资产（如在Chimney牧场案例里那样）；也通过调整农业环保计划以提高特定区域资产的同时获得更广泛系统下的好处。目标是要做到这一点。此外，其中许多已经被零星地考虑，但加入国家地图上的点目前还没有全国性的统一可靠的计划。

第三个策略专注于创造新的栖息地和实施目前退化区域的恢复。建立新的国家公园和保护区，以及开展海洋保护来创造新的盐沼，例如在埃塞克斯海岸和萨默塞特郡海岸北部，新栖息地可能规模宏大①。英国的自然景观就是由它的底层地质和我们改造了很多次的方式共同决定的②。但是，在城镇和城市的中心区域创造绿色区域，新的栖息地也可能相当微小。例如，这种策略可能立志于向所有公民提供一个在给定几平方公里内的开放空间。作为公民享受合理的健康和娱乐、从而参与社会生活的最低要求之一，这种策略将建立在社会初级商品的方式上。虽然会有直接的经济效益，但是这里的理由远不止考虑权利和待遇的效率。

---

① See A. Grant, 'Restoration and Creation of Saltmarshes and Other Intertidal Habitats', Centre for Ecology, Evolution and Conservation, University of East Anglia, at http://www.uea.ac.uk/~e130/Saltmarsh.htm#.

② W. G. Hoskins, *The Making of the English Landscape* (London: Hodder & Stoughton, 1955).

海洋修复

要大规模修复的最大范围区域也许是海洋环境。如前所述，"眼不见，心不烦"是我们对海洋自然资本一直以来采取的方法。海洋环境有明显的土地与河流不具备的互联性。海洋环境真正地结合在一起。

在全球层面，海洋提供多项服务。如果没有这些服务，地球将是一个更加严酷的地方。地球大部分的面积被海水覆盖，巨大的洋流影响我们的气候：墨西哥湾暖流温暖了英国和北欧大部分地区，南部海洋驱动季风，海洋生物聚集在受洋流影响表层富含养分的地方，厄尔尼诺现象和许多其他类似的洋流模式变化有巨大的影响，海洋吸收热量和碳、温和陆地温度。

再就是出产食物的鱼类、软体动物、海洋哺乳动物和海鸟。直接的生态服务是相当大的，而且可能只是刚刚开始被加以利用。耕海，也就是水产养殖，正处于起步阶段，类似于游牧狩猎开始发展土地农业的初级阶段。我们的海洋为很多地球生物提供基本生活环境。

就像早期削减和烧毁农田，海洋环境已经被当作无限的可再生的自然资源和一个方便的垃圾填埋场。人们认为，海洋会以与太阳供能大致相同的方式每天以零成本提供能量。破坏性的例子很多，作出评估几乎是多余的。太平洋里大量的废弃物回转、加拿大大浅滩渔业的破坏、北海底部的挖泥作业以及珊瑚礁崩溃只是这个目录中的一些陈列。海鸟，如信天翁被塑料碎片困住；巴斯克人最早在加拿大海岸附近发现的鳕鱼，无法再维持欧洲鳕鱼产业；曾经由牡蛎过滤的北海清澈的海水，现在变得棕色泥泞；而荒谬的是珊瑚礁也成为了更大的旅游景点因为它们在大量减少。

正如土地、河流和气候，海洋也不存在有意义的最佳状态了。但是不像土地和河流有分解的元素，海洋的相互关联意味着任何一个方面的问题很可能对于其他方面也有直接的后果。它们的内在联系意味着政策需要联合起来。有很多方法使得这项任务容易被处理。有些方面类似于巨大的全球公共产品的一部分——超越国家司法管辖的近岸海域。其他的包含更多，例如波罗的海、北海、地中海、海亚速海、阿拉伯湾和红海等更加孤立的海域。再就是大陆架、沿海水域和海岸。许多自然资产，例如鱼类资源，即使它们相互连接，也可以归入为这些类别之一。

全球海洋公共产品的问题是每一个人的责任，而非一个人的责任。它们不是被某个人单独拥有，而是向所有人开放。国际条约加强了这一点，并专注于将开放获取作为一个优先事项来停止大国篡夺航道和渔业权。如果生态服务的增益可以被各自收获，则资源会被过度利用。假设20世纪末大浅滩上有一艘钓鳕鱼的船，队长知道鳕鱼的存量不会持续太久，他看见每年捕获的鱼越来越少，如果他关心的是他的利润，那么理性的反应是什么呢？更加努力，用更先进的技术，继续捕捞尽可能多的鱼。事实上，如果鳕鱼存量耗竭意味着他的船使用到了尽头，尝试尽快恢复他的资金成本对他来说是更好的选择。每个人专注于自己的利益，加速他们的生计破坏——公用悲剧的一个典型的例子[①]。

全球面临的下一个巨大挑战之一就是北极。随着全球变暖 ——或者至少说是北极变暖——以快速的步伐行进，北极的自然资产变得更容易利用。事实证明，比较浅的水域覆盖大量不可再生自然资源资本，尤其是石油和天然气——可能占世界传统储量的25%[②]。它们也包含了很多鱼，因为水温变暖一些其他物种预期向北方迁移。冰川的消失意味着东北和西北部的航运通道都将打开。斯瓦尔巴煤炭开采的悠久传统可能会扩大，并且大量矿物已经从格陵兰岛提炼出来。北极代表了最后的利用自然资本的大前沿之一。如果不进行干预，这将会是又一个要发生的悲剧。

尽管这看起来是一个遥不可及的目标，技术进步的速度，尤其是在石油

[①] This is exactly what happened. The arrival of factory ships in the 1950s greatly enhanced the catch sizes. These peaked in 1968, and then a collapse set in. For a summary see 'The Collapse of the Grand Banks Cod Fishery', at http://britishseafishing.co.uk/the- collapseof-the- grand- banks- cod- fishery/.

[②] US Geological Survey, '90 Billion Barrels of Oil and 1,670 Trillion Cubic Feet of Natural Gas Assessed in the Arctic', news release, 23 July 2008, at www.usgs.gov/newsroom/article.asp?ID=1980#. VCbzNkYtC00.

和天然气的开采上，应暂停下来进行反思。由于响应赎罪日战争引发1972至1973年欧佩克油价上涨，以及之后1978至1979年的伊朗革命，海上钻探得以在20世纪70年代和80年代的北海浅海真正进行。受世纪之交后原油价格逐步走高的刺激，深水钻探更是近期才有的。在更恶劣的水域进一步钻探已经开始了。油装置现在可以位于海底，而不需要表面的平台。问题是在离岸很远的地方得到电，但这并不是不可克服的。想象在北极下面一系列的水下装置正在提取大量的石油和天然气是很合理的。

眼前的问题是，谁拥有这个不可再生的自然资本。北极理事会是北极治理论坛，海洋条约国际法规定了登记主权的范围。通过在北极海床上插上国旗来强调主权，俄罗斯已经上演了一场宣传噱头。罗蒙诺索夫海岭从俄罗斯东海岸到北极延伸，具有重要内容。一切北极国家——俄罗斯、加拿大、美国、格陵兰、冰岛和挪威——都在跑马圈地，宣称他们的大陆架使他们对邻近其海岸线的海洋区域享有主权。因为俄罗斯有大量的北极海岸线，而且邻近俄罗斯的水域大多很浅，俄罗斯占主导地位。

只要没有人拥有北极，大家就没有兴趣保护它的自然资产。所有权非常重要，而且提供了一条试图解决公共品问题的途径。但所有者可能不会为海洋更广泛的利益考虑。想想看，如果当冰川清除，技术开辟了新的可能性，俄罗斯将做什么？它会担心白鲸、北极熊，和海鸟的巨大繁殖地么？对索契筹备2014年冬季奥运会时进行的环境破坏的片刻反思，应该敲响警钟[1]。想要让大家对自然资产产生兴趣，所有权可能是必要的，但在北极，非可再生能源有可能胜过可再生能源。事实上，只要有石油、天然气、铁矿石、铜等主要矿产，可再生能源通常被置于次要地位。

没有围绕协议和国际条约发展的方法可以规范对公海的使用。这些是海洋奖品。然而，监管模式也不是没有希望。已经有一个海洋领域的非常庞大

---

[1]　For a summary of the issues, see G. G. Koerkamp, 'Olympic Winter Games Have Damaging Effect on Sochi's Environment', Deutsche Welle, 21 Feb. 2014, at http://www.dw.de/olympic-winter-games-have-damaging-effect-on-sochis-environment/a–17449525.

的国际法机构，而且也有特例。

鲸鱼的故事说明了很多一般性问题。鲸鱼被捕杀的问题（现在仍然在某些情况下存在）让人联想到公共品问题。当有鲸鱼可以捕杀时就继续捕杀，没有人关心再生鲸鱼库存的临界值，也没人关心是否会有鲸鱼留给下一代。许多物种几乎已经被捕杀灭绝。作为奇妙生物，它们的困境吸引了公众的关注，要高于公众对栖息地被砍伐破坏的森林地面的甲虫的关注。保护鲸鱼的议题可以使政客们受民众欢迎。更好的是，捕鲸的基本理由在20世纪后半叶减弱。更现代化的产品，特别是来自传统化石燃料，取代了从动物尸体中熬出的油。鲸鱼的剩余价值——肉——很大程度上已经被农业扩张所取代。即使是偏远的地区也能得到冻牛肉。所有剩下的对鲸鱼的需求来自于为了专门的口味形成的市场，经常与文化根源有关——那些日本人、冰岛人、挪威人和法罗群岛人。鲸肉是奢侈品。

使各方达成某种条约协议一致并不难。鲸鱼可被跟踪，犯规行为是显而易见的。卫星技术和快艇允许积极分子追踪猎人，上传血腥画面给社交媒体，因此给世界各国领导人施压去"做一些事情"，即便日本人认为有必要捍卫自己的持续狩猎作为"科学"。在一般情况下，动物越大，全球协议保护它的机会就越大。想想在冰天雪地的白色背景下北极熊和海豹的血、老虎和被屠杀的象群。

对于不太迷人的生物，去达成可信协议进行保护的障碍是巨大的。经济学家们长期研究关于形成并聚集在一个实际上是串通好的降低数量的协议的问题。斯科特巴雷特已经一马当先地应用博弈论的见解来弄懂何时以及如何国际环境协议可能会奏效[①]。这些影响因素是：要被保护的实体是否很容易测量，犯规是否容易被发现，是否有简单的方法来惩罚那些犯规的人，是否各方都从保护库存行为进而解决公共品问题中收益。海洋保护和维护的工作是需要持之以恒的——在一个有效的方向上试图侧重于以下这些特性：注

---

① S. Barrett, *Environment and Statecraft*: *The Strategy of Environmental Treaty- Making* (Oxford: Oxford University Press, 2005).

重于测量（追踪鲸鱼和猎人），增加对犯规的人的惩罚力度（国际媒体运动和攻击），并鼓励其他国家政府对反抗者施压（比如在这个例子中放逐日本）。

对海上航线的开放获取是载入国际法律的，但没有强制执法就不起作用。世界大国为关键海道你争我夺，而且他们建立海军保卫通道。连接波斯湾和阿拉伯海的霍尔木兹海峡，因为附近有很多美国军舰震慑那些威胁要关闭它的人一直保持部分开放。中国人正在建设蓝水海军保卫连接太平洋和印度洋的马六甲海峡，从而确保其石油供应。海洋领域的国际协定的执行往往依赖于一个或多个这些世界大国有兴趣这么做。

难道对海洋的自然资本也是真的吗？这取决于这些国家权力的兴趣。北极的俄罗斯对不可再生能源兴趣很小。美国和欧洲就不同了。这些民主国家的民众有的人对于他们的政党是否防卫有强烈兴趣，有的人则不怎么有兴趣。珊瑚礁、海洋鱼类存量和更广泛的生物多样性就属于这一类。随着气候变化，最终这些政治压力会有相应的影响，当信息披露出来，通过媒体公之于众，它们都会更有效。在深海的情况下，保护自然资本的首要任务是把手电筒照在实际正在发生的事情上。

对其他封闭海域，改进的范围要大得多。共享地中海的国家的数量有限。虽然它连接大西洋和黑海，大部分它的自然资源仍留在其域内。部分原因是因为受潮汐方式影响它不具有太多资源，污染也随处可见。几个世纪以来，地中海地区的人们倾倒污水于海中，并不断消耗鱼类资源。现在这个过程看起来像撞击很多可再生能源的临界值。地中海接收尼罗河，尼罗河依次流经埃及庞大且不断增长的人口。地中海接收罗纳河、台伯河和宝河的上游，黑海接受一些俄罗斯和乌克兰的河流。这些河流中很少有处于一个良好状态的。

北海是曾经繁盛渔业的一个缩影。巨大的鲱鱼群走了，鳕鱼存量已经严重枯竭。巨大的牡蛎苗床已不见。代替它们的是石油和天然气平台及风电场，进一步让大海融入工业化。曾经在一个单一的欧洲水系结合在一起的莱茵河和泰晤士河，已经运输污水几百年，在北海南部浅水海域地方的泥浆逐渐积累很多。

在这两种情况下，有明显的方式来保护可再生资源和由于不可再生资源的枯竭为子孙后代提供补偿。按照科学估计的临界值，政府可以约定捕鱼配额。每个人可以就减轻河流污染的措施达成一致。它必须是一个系统的方法将公共品作为一个整体——地中海、北海、波罗的海等等。至少当事方的数目是有限的：每方知道对方最多是多少，这样在这些封闭海域监测更容易，另外因为它们是近邻，可以建立多项关系。围绕北海和波罗的海的国家要么是欧盟成员，要么就与欧盟相关（如挪威）。在地中海地区，北方国家是欧盟成员，但南部国家并非如此。他们背后的关系有千百年历史。在封闭海域问题上，多重关系鼓励多边协议来解决公用品问题。

海洋和封闭海域之后的第三海洋环境是沿海边缘、近海水域、海滩和港湾。在这里，问题应该比较容易。这些区域属于接壤国家，影响是可见的，并且通常直接影响到生活在靠近大海的族群（世界上大多数的种群确实生活于沿海）。人类是一个压倒性的沿海物种。然而，值得注意的是，尽管有多得多的保护自然资产临界值的良性环境，依旧几乎没有取得什么进展。海洋保护区是例外而非规则，控制捕鱼活动的尝试取得了有限的成功，而且只在环境已经被严重威胁甚至破坏的情况下。当经济产量已经减少的时候，当渔民再也抓不到足够的鱼以支付他们船的资金成本和船员的劳动费用时，保护鱼类资源变得更具吸引力。配额方式已经被应用，有时候这些会起作用，但捕鱼业和它背后的游说团体几乎总是在反对配额方式。与陆地上农业的背后游说团体一样，捕鱼业经常发起运动来争取它最大的渔业活动自由度。这种压力的结果，通过政治制度体现，就是配额反复超出科学的建议的数量，相当多的违规，以及意想不到的后果，例如捕捉和丢弃的鱼，可能是物种不对，可能是因为太小。如CAP这类的通用渔业政策，一直没有真正做到保护可再生自然资产。

建立海洋保护区是配额的替代品。在这些区域中禁止钓鱼，许多其他用途也被限制。迄今为止它们往往很小并有特定的特性。他们可能是特定物种的育苗场，或有特殊的生物多样性。它们不必是小规模，正如陆上的论点一样，保护区大小很重要，保护区越大，物种和种群健康的回报等比例的越好。其中最雄心勃勃的是珊瑚礁保护——澳大利亚的大堡礁是最为高姿态的例子①。通过大规模保护关键可再生的自然资产，结果可以得到显著的生物多样性的好处。珊瑚礁是生物多样性的热点。

在本例中同样值得注意的是公众知名度非常重要。在照片中、在历史书籍和发给游客的营销材料中大堡礁起了重要作用。它有许多五颜六色的鱼，而且是"你去世前应该去的地方之一"。海葵、螃蟹、龙虾、海藻、濑鱼和鳕鱼的滩涂等奇观不是那么明显，如果你从英国海岸潜水下去可能会看到。同样不是很明显的有北大西洋大陆架的冷水珊瑚礁奇观。这些都是看不见的地方，因此心不烦。政策的含义是保护许多海洋自然资产依赖于信息。只有当公众知道那里有什么，可以看到污染，就像北京人吸入雾霾之后要求采取行动，他们需要看到破坏然后理解破坏给自己和后代带来的影响，他们才会重视这些自然资产。

将各组分结合到一个恢复计划中

加强自然资本以满足我们的最佳总体自然资本规则的奖赏必然是复杂的。没有简单的蓝图，一个也没有提供。保护和加强自然资产不可避免的依靠于特定的地方和国家背景——起点、种群和发展的压力、地理和地质，自然资本的另类用途以及成本和收益的估值。这里的例子仅仅说明了可能包括的各种事情。参考净经济收益的估计值，每个国家都需要填写自己的细节和重点，并由净经济效益的估计告知。对每个国家而言，水、陆地和海洋方面应获得它们各自的代际计划和政策，同时始终认识到它们之间的相互

---

① The various Australian government protection plans for the Great Barrier Reef can be found at http://www.environment.gov.au/marine/gbr/protecting- the- reef.

依存关系。

由于生物多样性热点和海洋的全球公用性不能仅仅以一个国家为基础处理，这些恢复计划还必须具有国际性的一面。有许多个人方面的计划，从布伦特兰夫人开始，联合国和其他国际机构已经在全球层面上尝试计划的连贯性、优先级和金钱承担。但这并不意味着国家自然资本恢复计划不能或不应该实施。不像气候变化，单边自然资本的政策通常是可叠加的，不同于二氧化碳排放量，许多自然资本某种程度上是当地的及全国性的。

在组建一个代际计划时将有一系列的措施组合：首先将可再生的自然资产提升到一个清除临界值的水平。临界值提供了一个哪里集中的指南，以及需要放在栖息地和更广泛的公共物品上的关注点。经济效益表明了提升自然资本超过临界值的最大机会，同时在这一过程中加强可持续的经济增长。

在发展大规模的修复奖励时，可以开始补救一些20世纪造成的严重破坏，最后有两个要素需要落实到位：实施计划的资金和机构。

第十一章　金融：为自然资本融资

通常来说钱的问题决定着一个项目的成败，但好消息是事实并非如此。相反，事实表明有很多潜在的收入来源可用于实现大规模的生态复原。这包括资本维护融资，补偿支付，来自对污染征税的收入，剥除不正当补贴节省的积蓄，以及耗尽不可再生自然资本带来的经济租金。

以上各方面一起构成了对未来的展望——一个内涵丰富，可持续，并且健全的金融基础——以实现总体自然资本法则并进而为可持续经济增长提供长久支持。由于可持续增长的高效性，我们都将变得更好，我们的下一代也能公平地得到与我们一样的资源。今天的自私必将给未来带来严重的问题：我们允许资产的恶化，必将导致未来增长率的降低。

结论是令人震惊的：为此融资我们并不需要多少额外的公共支出。如果完全依赖更多的政府支出，地方和全球自然资本的问题将永远不会得到解决，然而好在对政府支出的依赖并不是必要的。但问题并不会自动解决：为自然资本的复原提供健全的金融基础，需要新的机构发挥作用，将资金和复原计划的执行紧密结合起来。英国建立的自然资本委员会提供了一个示范，但这仅仅是一个开始。需要更多新的机构为自然资本事业斗争。那么就有两个问题亟待我们回答：首先是资金从哪里来？其次是复原计划、相关的资本维护和自然资本政策应当如何执行、被谁来执行？

资本维护融资

我们在第四章讲过，国民收入账户并不能正确反映资产基础价值的变化——不论是自然资产还是其他资产。它们是基本的现金账户。它们对于经济运行得如何，以及我们的处境怎样这些问题的刻画是有误的。由于没能正确计量资产恶化的程度，GDP勾勒出的前景过于乐观。这种计量方式假装认为资产的恶化并不重要。就像一条马路上的坑洞被前人视而不见，并且越变越大，把问题遗留给后代纳税人来处理。

现在我们假设国民收入账户必须考虑资本维护，则国民收入的计量结果将降低。然而，结局却并不是我们的处境将会变坏。按照GDP的视角，现金收入增加，但这伴随着相应资产的下降。按照资本维护的视角，计量的现金收入下降，但资产变得更好。在这样的对比之下，其实我们按照GDP水平来看，在中长期变得更糟糕了。不论我们怎样假装视而不见，马路上的坑洞都不会自动消失。它们会越来越大，最终不得不以更高的成本来填补。考虑别的方法都只是无谓的幻想。如果资产得到正确的维护，我们的处境就不会变得更糟，我们几乎可以肯定变得更好。

对于资本维护所需收入之外的清算，已经在基础设施之中反映出来[①]。英国国家基础设施计划（BNIP）计划了巨大的投资项目增加额，大约每年500亿英镑。美国的这项数字相对于国民收入也大得惊人。

然而通过另一种会计把戏，政府假装这笔巨大的投资不会影响我们的生活水平。其背后的假设是，投资基金可以通过借款而不是通过消费者的收入储蓄来提供。但是，正如GDP关于资本维护的会计把戏一样，这只是一种幻觉。借来的债务必须支付利息并最终偿还，而这些钱最终来自纳税人和消费者的收入——因而降低我们的生活水平。这里没有其他摆脱困境的方法。不论GDP的计量怎样将债务忽视，债务都至关重要。

这种幻觉在经济中发生的方式，我们已经在关于宏观经济危机和伴随危机的庞大债务的章节中讨论过了。尽管凯恩斯认为乘数效应的魔力可以解救我们，然而事实表明，即使不考虑随之而来的不可避免的货币超发，增加债

---

① See documents relating to the National Infrastructure Plan from HM Treasury and Infrastructure UK at https://www.gov.uk/government/collections/nationalinfrastructure-plan.

务也是一个危险的短期方案，它不可持续并且一直伴随着我们，21世纪头十年吞没全世界的经济危机生动地揭示了这一点。

这些资本维护融资的事实告诉我们，资产负债表项目中并没有额外的成本，也没有计量除去资本损耗之后的国民收入。其他的一切都是短期的贪婪，并由后人来买单。这就像是将房产进行再抵押，利用获得的借款开狂欢派对，并告诉每一个人我们可以开得起派对，我们变得更好了。第二天早上，更高的债务遗留下来。我们的处境没有变得更好。我们变得更差了。

正确为资本维护融资的结果带来彻底的改变。重新计量过去20～30年的经济增长率会降低。以下两点已经明显被确认：我们已经在依靠透支我们的收入来生活，并且可持续增长率是一个比GDP增长率更低的数字。但随着时间的推移，资本维护的融资逐渐实现，资产基础将会变多（因为它不会恶化），未来的可持续增长率也会变高。电力、水、交通和通讯基础设施将会更好，成本相应下降，自然资本资产的收益也会变得更高。

需要注意的是，国民收入账户的巨大改变及其带来的上述结果并不限于自然资本。它可以应用于所有的资本，这需要更大的会计调整。它要求对经济增长进行革命性地重估，但也需要在消费、储蓄和投资之间维持再平衡。不能实现资本维护就相当于撤走投资。由于资产需要被维护，所以重置和更新的投资将会上升。除了通过增加借债这样的快速短期调整，唯一的解决方案就是增加储蓄，并相应降低消费。节俭，这个凯恩斯主义悖论，是一种美德并将在可持续发展的经济中发挥更重要作用。这是一种令人痛苦的政治经济方案，也是正确的资本维护会计制度。其它的方案将给下一代留下债务以及损耗的基础设施和自然资本。

因此，以可持续发展为基础的资本维护融资的解决方案就是，由更高的税收和更低的消费来支付，这样我们的生活水平会在短期下降，但会在中长期增加。财政官员不会喜欢这种方案，但更糟的事实是不得不使用这个方案，如果没有正确的资本维护政策我们的处境将会变得（也正在变得）更差，这一点确定无疑。

不可再生资源和资本折旧的处理

扼要地重述一下不可再生资源。不可再生资源只能使用一次，并且大自然不会再次免费提供这些资源，或者至少不会再在几亿年之内免费提供。我们应该怎样可持续地对待不可再生资源？答案是经济租金应该为了未来几代人的利益进行再投资。一种显而易见的方式是用这些经济租金设立基金，然后用这个基金来为后代人的福利投资。

对于资源丰富的经济体，经济租金是巨大的。回想挪威的主权财富基金规模巨大，很快就达到了1万亿，而挪威的人口只有500万。这相当于人均20万美元。美国的情况是，统计数字同时反映了更多的人口和更多的不可再生资源。而英国的北海石油和天然气的数字变得更少，这是由于很多资源已经被耗尽[①]。

从不可再生资源的消耗中建立的基金在很多国家都是数额巨大的，特别是上述几个情形。但是实际发生的情况却是我们预想的反面（除了挪威是个特例）。债务会传递下去，经济租金也会被花费掉，从这一代人到下一代人。国家债务相当于一个负的财富基金，在过去十年它在全球迅速增长。时光不可能倒流。但展望未来，基金的设立——即使对于英国那样的情形——使北海的不可再生资源得以保留。由页岩油和在岸天然气的损耗带来的经济租金也投入这个基金，这些资金的数额会是巨大的。

这样的基金应当如何使用？有三种可能的答案：由未来几代人消费；

---

① The ONS estimates of natural capital at the end of 2013 showed that the depletion is still significant – some 4% between 2007 and 2011. These estimates combine a partial coverage of non-renewables with one main ecoservice – recreation – which dominates everything else. This is one reason why they are of limited value in providing much guidance to what the comprehensive numbers might be.

投资于其他各种形式的资本；以及仅仅投资于自然资本。如果采取第三种方案，我们很容易发现资金额甚至会超过人们对环境最狂热的渴望，诸如河流、山川以及海洋的恢复。采取第三种方案，可以解决自然资本复原的问题，价值将会传递下去。在总体自然资本法则的最严苛规律之下，这是实际上必然会发生的事情。总体自然资本法则会护住所有的自然资本——包括不可再生资源和可再生资源。由于不可再生资源无法再维持或置换，来自耗尽不可再生资源的收入将不得不花费在可再生资源上，以补偿总体资源上的平衡。这符合强大的总体自然资本法则：将资源的复原考虑在内，这样的基金也可以在处理最优自然资本法则的问题上走得很远。

第三种方案在短期内立即付诸实施的可能性是很小的，或者可以说这种方案甚至是不被人向往的。为什么在决定基金如何投资时，其他所有形式的资本可以被忽视？一种更微妙的方案是，将重点放在基金是否应当全部投资出去，以及自然资本和其他形式的资本各自所获投资额的权重应是多少——这也是第二个方案提及的。

这个将第一种方案和其他两个方案分离开来的有关投资/消费的讨论暗含的假设是对所有实际用途而言该基金是永久的。它的资产负债表包括所投资的资产，这些资产包括了自然资本。在考虑了不可再生资源未来的损耗带来的新流动之后，它的价值的实际值维持不变。然而，没有理由可以解释为什么它将来的实际价值可以持续上升以满足可持续发展的标准。因此，基金中的消费部分与实际增长相等，这个数值应当比调整了通胀因素之后维持资产必要的经济价值大。这反过来，应当大致与长期的增长率相等，这是以一个可持续发展的基础来计算的并排除了资本维护。在全球水平，一个谨慎但可信的增长率可能是2%，这个数值的估计基于对未来研发和科技进步的猜测。

重要之处在于它是一个猜测——尽管我们确实知道气候变化、水资源短缺以及由于没能正确维持自然资产而把自然资本问题遗留给下一代人这些因素可能会对增长率产生一个举足轻重的作用力，但我们不可能知道可持续增长率是多少，这表明了我们有必要采取风险规避的态度。事实上自从经济危机以来，也累积了很多额外的债务不得不还本付息。通过比较我们发现，在撒切尔夫人执政期间英国从波峰到波峰、波谷到波谷的增长率低于2%，然后这个增长率被北海石油和天然气的耗尽以及资本维护的缺失而不断推高，因此对于发达国家来说一个审慎的方案可能是保持1%左右的增长率。对于一些发展中国家，这个增长率可以更高，正如中国和最近的许多非洲国家。

投资于补偿支付

不可再生自然资本基金可以投入很多资金来处理河流、山川和海洋复原的问题，而国民账户的完整的资本维护方案在满足可再生资源总体法则的要求上还有很长的路要走。然而，在存在补偿的情况下，这个法则允许一些资产的破坏。

我们有以下几种选择。第一种方案是开发者通过直接投资于一项对冲的可再生资产来实现补偿。我们注意到这充满了困难，不仅因为在微观层次上的百分百的完美补偿是很难定义的，而且公司对于往往需要长期履行的计划只具有有限的责任。另一个选择是建立一个中介——基金或者银行——根据（如果允许继续进行的）发展过程引起的破坏程度的估值将资金投入这个中介，然后该中介将这些资金投向其他资产。

选择第二个方法是妥当的，但是基金的投资指令极其重要，同样极其重要的还有项目遴选、项目管理和项目交付在该指令下的长期监管。因此说自然资本的机构设计非常重要。

补偿基金的规模应该多大？一方面这对于总体自然资本法则并不重要。该法则简单的确保了任何发展都带来很好的补偿，使得总体上是完整的。但从另一个层次来看，很明显相当可观的资金会被涉及。考虑一下世界上所有大规模基础设施建设对环境的影响。不难看出该基金需要处理上亿的补偿。

这又一次反映了以下事实，未来几十年对自然资本的破坏可能是极其重大的，因而为了符合总体自然资本法则，如果自然资本在总体上不恶化，我们需要一个主要的提升计划。这是使我们的下一代保持他们的资产与刚刚继承下来时候的质量一样好的最低要求。

污染税收和不当补贴储蓄

自然资本基金来自于不可再生资源的消耗，通过一个大规模的补偿项目为河流、山川、海洋的重建和补偿支付提供资金，以确保现存的资源总体上没有恶化。但是，农业和工业造成的持续的污染依然给可再生资源造成了很大的损失，当然这最终是由我们对农业品和工业品的消费所导致的。

正如我们所见，污染税是一个有力的办法，特别是设定价格以反映污染的边际成本。如果杀虫剂、除草剂、化肥、碳和甲烷的排放以这样正确的方式定价，不仅我们的经济会变得更有效率（我们因而在总体上变得更好），而且收益也会一样大。事实上，这些"罪恶的"税收非常之大，以至于加上对现存的酒精税和新的对含糖类和油脂食物征收的"罪恶税"之后，整个税收系统都可以重建。对需求缺乏弹性的商品和服务的征税会是一笔很大的数额。

这些征来的钱应该花在何处？它们可以是收入中性的，即其他税种特别是劳动税可以相应降低。这与激进的税收改革计划是相一致的。它们可以通过抵押花费在其他形式的可再生自然资本上，也可以用于大规模的重建项目。如果它们用抵押的形式花费在可再生自然资本上，与基金和补偿支付一样，这就需要一个机构来充当中介。但即使它们不花在可再生自然资本上，定价污染的替代效应也会优化自然资本，或者至少降低对环境的破坏。

这个提升效率（替代效应）和融资（收入效应）的双重好处在不当补贴的废除方面也效果明显。将CAP（以及美国类似的补贴方案）废除是一个好主意，这与自然资本的含义无关。它可以降低补贴导致的过度生产，并降低对边际土地的压力。化肥和杀虫剂的应用也可能会减少。强化和自给自足的动力引起的破坏也会减轻。不幸的是，到目前为止CAP计划对农业环境破坏活动的补贴的再平衡尝试是不热心的。结果就是我们的处境总体上变得更坏了。

在欧洲，补贴的取消可能使得政府的公共支出下降，既直接来自于其对CAP的贡献，也来自于匹配的基金，但还有一个原因是其对欧盟预算的贡献也会降低（CAP承担了欧盟总预算中一个可观的比例）。这些先前分配给CAP的资金就可以用于其他各种目的。它们既可以被用于使其他税收减少一个相应的数额，也可以花费在其他地方。有一个案例论证了这些储蓄应该用于对过度补贴引起的破坏的补救——将篱笆归位，恢复土壤质量，对牧场和野生植物的破坏加以补救等等。由于生态恢复计划中一个重要的部分以及相关的野生生物地带处于农业用地，因此这些恢复计划和废除不当补贴后省下来的资金之间存在明显的关联。

总体自然资本基金

如果不可再生资源的经济租金再加上补偿支付、污染税，以及不当补贴的节省部分，那么可再生自然资本基金的数额将会非常之大。资本维护是一项对政府和公司（取决于拥有资产的是谁）当前收入的要求，基金可以相对容易地为保持当前的总体自然资本融资，并在事实上将自然资本提升到最佳的水平，这是达到为下一代留下比我们更好的环境资源的目标所要求的。经济增长进而成为可持续的，正常情况下至少在英国、欧洲大陆和美国，环境的噩梦将不太可能发生。

然而未来大部分的环境破坏是全球性的，热点地区和开放的海洋是污染的第一线。关于上述国家基金的建议需要也完全可以迁移到全球的维度。发达国家的消费者在不交经济租金的情况下导致了发展中国家不可再生资源的损耗。英国的消费者正在从海外生产的产品中受益，而这些产品的生产破坏了当地的自然资本而没有提供补偿，英国人从海外的农民、制造商和服务商那里购买产品和服务，支付的价格却并没有反映出这些产品和服务带来的环境污染和破坏，这种情况对于大部分欧洲和美国人来说也一样。

短期内建立一个全球性的、包含所有上述收入来源的基金，并使之运转起来，这在政治上是不可想象的。让许多国家在不远的将来成立它们自己类似的基金也是不太可能的。然而，这导致了一个对生物多样性和其他形式自然资本的国际性影响的认同过程，并考虑环境破坏可以怎样被补偿，即使是逐渐的和部分的补偿。衡量国界处的自然资本消耗是计量的第一步——例如，识别进口产品中来自森林红木的成分，以及来自取代了热带雨林的人造林棕榈油的成分等等①。

一些进口的自然资本产品是极度有害的。例如，非洲对中国和一些东南亚国家出口的犀牛角和象牙。论证是直观自然的，这些物种有它们相应的一个临界值，而这些临界值很容易会被违反。对于它们的损失，我们没有办法给予相关的补偿。这样的贸易应当是非法的，涉及濒危物种的条约应当进一步收紧。

有了这些预想，全球维度下的自然资本、全球总体的自然资本规则的开发，以及为保护自然资本（并最终改善自然资本）的融资基金的创立，就可以建立在我们先前讨论的框架之上了。

自然资本机构

考虑到自然资本的重要性，一开始让人感到很特别的是，现存的其全部职能都用于保护和提升自然资本的机构是很少的。理由有很多。从历史上看，只要自然资本的临界值没有被打破，那么发挥政治和社会资源作用的

---

① A similar argument is mounted for focusing on carbon consumption embedded in imports rather than just products produced in Britain in D. Helm, *The Carbon Crunch: How We're Getting Climate Change Wrong – and How to Fix It* (London: Yale University Press, 2013), see pp. 67–72.

需求就很小。政治和机构利益是与经济价值相关联的。发达国家的工业、矿业、能源和农业的相关机构和部门已经至少存在了一个世纪。相比起来，环境相关部门的设立晚了很久，一般是在70年代伴随着环保运动的兴起。这些机构通常在政府的权力部门中排名较低，并与其他利益机构诸如计划、农业和能源混合在一起。

可以论证的是，如果我们的任务是将环保工作放在经济的中心，那么政府的每一个部门都应该考虑环境问题，而不是一个专门的部门去考虑。健康部门应该考虑与自然资本有关的健康问题；金融部门应该考虑两代人之间的股权和自然资本消耗法则；文化部门也应该关注自然资本的利益，将自然资本作为电影、艺术展览等内容素材的关键来源。

但是，也有一些反对的观点。许多现有的机构被特定的利益机构绑架。各种形式的农业部门，是农民利益团体的游说目标；处理能源相关问题的部门的每一项主要技术问题也被游说者盯上；工业部门也被工业生产巨头绑架。为了平衡这些利益团体，大部分发达国家设立了他们自己的环保部门，而这些部门反过来又被环保利益团体和NGO作为游说目标。

目前，大部分国家的政府部门架构都不算成功。我们自然资本当前的状态反映出了这一点。因此，问题出现了：我们是否应该重新整合这些部门的结构，或我们是否应当建立特定的机构来保护和优化自然资本，以确保代际间的利益被考虑进来，并使之像金融中介机构一样运作起来。目前已经有了很多机构：国家公园和保护区，信托和慈善团体，以及国家级的自然保护组织。它们是多元化的，一般来说预算较少，也缺乏统一性和连贯性。毫不意外，他们通常是力不从心的。

环保机构条约已经开始处理的一个领域即是气候变化。作为一个环境问题，人们已经逐渐认识到气候变暖的威胁，并开始把气候变暖提到一项政治议程上。首先，环境团体展开游说、诉求行动，然后政治团体开始意识到这个话题已经在选民之中发挥作用。一些国家绿党的出现，特别是德国绿党，鼓励了欧洲的主流政党去尝试控制这项话题。

介入并不是一蹴而就的。一旦政府开展特定的行动，那么就会有需要执行的政治任务。它们需要将机构，至少是将这些任务嫁接给现存的政府部门。

为了完成目标，政治上对可靠碳框架的寻找新增了一个维度——就像自然资本要求一个可靠的框架一样。法律上对将来相当长一段时间的目标的设立唯独在一个清晰的机制存在下才是可靠的，这个机制将未来长时间的目标转换为特定的政策方案。2050年碳排放的目标总是可以由持续的立法来更改，因而一些愤世嫉俗的人会说，目标日期即将到来之前也不会有什么实质的行动。换句话说，政客可以谈论气候变化的话题，但并不一定需要有实质的行动。

接下来就出现一个专业的问题。政府怎样才能找到实现目标的最优途径？政客的利益显然是短期的——几年之后总是会进行下一次民主选举，因而2030年的目标或者远至2050年的目标早已超出了政客的任期甚至是超过了他们的生命预期。游说集团以及特殊利益群体会试图绑架政策。化石燃料公司想要推迟限碳计划，并阻止一些经济调节工具例如碳排放税的运用。风力涡轮生产商和风力发电场以及太阳能板的投资者想要政策给他们最大的补贴。寻租行为是极其普遍的。

对可靠性以及专业性的需要，带来了关于独立机构的探讨。英国已经为其他国家提供了一个例子，通过机构的设计来试图为目标的实现增加可靠性，并且也提供了一些有关自然资本机构设计的参考经验。气候变化委员会，作为第一个实例，承担着通过一个滚动的5年碳排放计划来实现2050年的目标，委员会至少提前设定三个五年的计划。委员会的工作是分析和测量，并建议国会关于这些碳预算的形式。国会可以拒绝这些提案，但前提是国会可以找到一个更好的实现相同碳目标的方案。委员会的主席和员工都是独立的。

气候变化委员会的可靠性来自它的法定的基础以及它在5年碳预算的角色。目标设定的法定基础意味着委员会的目标是预先设定的，并不会任意变化。它必须贯彻执行其法律规定的职权范围。它可以考虑如何在法律的限制范围内贯彻这些目标。5年碳预算强制该委员会按照与选举之间的缺口等长的时间间隔，将设定的目标分解为一系列小块目标。国会必须投票批准碳预算的要求并将它们进一步巩固到政治过程中。

这类机构的力量和强度越发明显地在面临各种困难时体现出来——困难在于实现目标和预算，以及当结果显现在公众和选民的敌对之中的时候。至此碳减排变得相对容易实现——部分原因是碳减排是以生产而不是消费来衡量，另一部分原因是经济发生去工业化并进入大范围的萧条[①]。这些关于碳减排是可以承受的并且不会对竞争力产生影响的承诺变得更加难以实现。选民对能源法案的反应是气愤的，这些能源法案增加了对风场和太阳能板的支付，特别是这些技术对气候变化缓解的贡献越来越小，能源密集型产业也苦苦游说，指出这些政策的成本在于美国页岩气价格下降带来的竞争性挑战。

迄今为止，还没有主流的政治团体建议撤销2008气候变化法案，该法案为气候变化委员会的设立提供法律基础，或者单方面目标的设立依赖于其他团体所采取的行动[②]。政客们迄今为止已经对自己采取限制，减慢可再生资源的消耗，干涉核能的升级，并降低工业的成本。撤销立法的挑战在事实上更为困难，正是这个机构通过立法的设立维持了整体政策框架的可靠性。

当考虑到自然资本特别是相关的政策时，对机构的要求与气候变化有一定共性，并且我们可以从气候变化委员会的案例之中学到很多经验。假设我们的目标是符合可持续性的标准，即总体的可再生自然资本不被恶化，且不可再生资源的消耗可以为未来几代人提供福利，那么机构需要执行的功能是多方面的，包括自然资本的计量；自然资本的计账；来自消耗不可再生资源获得租金的自然资本基金储备；基金资金的投资；污染收费的设定、许可制度和配额的设计和实施；公共品的建立和管理，包括被保护的区域、环境规

---

① See Helm, *The Carbon Crunch*.

② The exception is the UK Independence Party (UKIP).

章，国内及国际层面上针对河流、土地、海洋环境恢复计划的设计与实施。这是一个充满挑战的列表，并且这些功能中的一部分已经在被现有的环保部门和自然机构执行。

一个可靠且设计优良的机构要求满足一系列条件。机构必须有一系列连贯一致的目标。这些目标应当是可以计量的，以便它们能被相应监测和管理。该组织应当对外部的独立评估开放。目标之间的权衡应当在政治层面上清楚透明，而不是仅留给管理层来决定。机构至少要拥有与目标一样多的工具任其支配。组织的策略需要广泛的社会和政治支持。为达到目标，需要有一个计划。最终，计划的设置需要保持连贯，以便组织的管理层可以以连续的风格指引员工开展工作。

我们需要这些标准，并且很明显大部分环境相关的组织还没有达到这些标准。新的自然资本机构结构取决于设定目标和比现存组织更有效达到上述标准的能力。

自然资本委员会

气候变化委员会的案例中，英国再一次在自然资本机构设计上开辟了道路，并因此提供了另一个可供其他国家考虑的实例。2011年出版的英国政府白皮书，"自然的选择"，设定了总体政策目标：成为不仅停止损害自然环境而且使自然环境实现提升的第一代人[①]。可以看出这个目标与我们的总体自然资本法则非常相似。白皮书明确地将自然资本问题视为一个经济问题：它声明环境应当是经济的中心，也是促进经济增长的框架中的一部分。因而白皮书设定了全球第一个自然资本委员会，来实现这个目标[②]。

[①] DEFRA, 'The Natural Choice: Securing the Value of Nature', White Paper, Stationery Office, June 2011.

[②] The objective was stated as follows: 'The Government wants this to be the first generation to leave the natural environment of England in a better state than it inherited. To achieve so much means taking action across sectors rather than treating environmental concerns in isolation.' DEFRA, 'The Natural Choice', p. 3.

这种经济上的方法并不陌生。委员会的目的是提升自然环境，这个目标与可持续一样渊源已久。回顾1990年的白皮书，"公共的遗产：英国的环保策略"，同样提出在经济上聚焦，并引入了由环境经济学家的先驱、后来的环境部长特殊顾问大卫·皮埃尔斯主导的一个附录①。它提出了一项议程，通过经济手段而不是依靠法规来将对环境的考虑整合到市场中，即外部性的内部化。

批评者可能会说自然资本管理员会的设立是因为白皮书很大程度上缺乏明确的政策来处理这些事项——因此可供其他国家学习的经验很少。在某种程度上他们是正确的——白皮书几乎没有提出什么新的重大行动。然而这也并不在白皮书本来的议题之内：问题是自然资本委员会的设立是否是向着实现总体目标方向明智的一步，以及是否是一个可供其他国家跟随的模型。

自然资本委员会与气候变化委员会有明显的相似之处，它们的运作均与政府保持着距离。与气候变化委员会类似，自然资本委员会面临着信息、数据和账户的匮乏。同样，政府也缺乏数据的可靠性，因为政府显然具有报喜不报忧的利益动机。很少有人信任政府关于自然资本是否实际上正在变好的言论。

但是两者有着重大的区别，使得任何对两者之间的解读存质疑。不像气候变化委员会，自然资本委员会没有明确可报告的目标。气候变化是相对容易测算的：温度、大气层中特定气体的浓度，特定来源的气体排放。而自然资本，哪怕在概念上也还存在争议，并且含有相当多重叠的成分，这些成分加总在一起也仅仅作用有限。这一点在生态系统与生物多样性经济学（TEEB）试图重建斯特恩关于气候变化对生物多样性的影响报告的尝试上，表现得十分明显。它并没有起到作用，而且事实上，在试图将一个复杂的问题转化为简单的数字的过程中，可以认为它已经违背了初衷。

由于缺乏明确的法律意义上的目标，自然资本委员会面临一系列更加开

---

① Department of the Environment, 'This Common Inheritance: Britain's Environmental Strategy', White Paper, Stationery Office, 1990.

放的不太明确的目标。自然资本委员会不得不设立计量、监测和报告的组成程序，这些程序在气候变化委员会的案例中是预先给定的。这在自然资本委员会的职权范围中反映出来。自然资本委员会的任务是向政府建议可持续性地使用其资产[1]，对自然资本进行计量，以及研究重点方面的建议[2]。

这看起来是一个枯燥的表单，但它的职权是一束强势的火炬之光。职权范围第一条是要求开发出风险资产注册机制；指标需要制定和实施；临界值应当被报告。自然资本委员会不能要求政府对风险资产做任何事，但至少政府不再可能宣称完全忽视这一点而行动。职权范围的第二条是要求自然资本嵌入国民账户和公司账户。这意味着GDP不是唯一被报告的数据，并且国家自然资本的资产负债表需要开始建立。这帮助我们看清总体自然资本是否在上升或下降，以及政府是否达到了提升自然环境的目的。这还意味着公司、信托和其他自然资本的拥有者需要建立它们自己的风险注册，并且一旦风险资产被确认，这些组织就不太容易逃避它们的责任。这个核算工作已经在自然资本委员会成立的第一年中留下了可观的遗产。

研究计划是很重要的，因为临界值非常难以确定和估计，因为自然环境是一个复杂的生态系统、栖息地和物种的叠加。在鉴别自然资本带来的利益并进而鉴别哪一项自然资本的投资可能拥有最高的经济增长附加值方面，它也是非常重要的。一项较早的国家生态系统评估工作提供了一些非常重要的背景，生态系统市场任务法案强调了一些容易挖掘利益的潜在市场机会[3]。

最后，自然资本委员会在利用其记账、风险资产、计量以及临界值来提

[1] It formally reports to a Cabinet economic subcommittee. These details matter-reporting to an economics committee makes the finance ministry rather than the environment ministry central to its advice. It is one step in the institutional process of tying in the environment to the economy.

[2] See the committee's terms of reference at www.naturalcapitalcommittee.org/terms- ofreference.html.

[3] See UNEP- WCMC, *UK National Ecosystem Assessment: Synthesis of the Key Findings*, 2011, at http://uknea.unep- wcmc.org/Resources/tabid/82/Default.aspx; and Ecosystem Markets Task Force, 'Realising Nature's Value: The Final Report of the Ecosystem Markets Task Force', report to Secretaries of State for Environment, Food and Rural Affairs; Business, Innovation and Skills; and Energy and Climate Change, Mar. 2013.

供关于怎样符合白皮书的目标方面具有重要作用，白皮书的目标是使我们成为让自然环境变得更好的第一代人。气候变化委员会从一个明确的2050年的目标开始，然后通过立法设立一个实现此目标的计划，它的任务是细化碳预算。自然资本委员会仅仅从最宽泛的目标开始，它的有关填补信息的任务对于计划的开展和执行至关重要。它相当于气候变化委员会的一个后台，并且充其量是一个复原奖赏的传递者。我们在此基础之上还需要更多东西。

机构的下一步

自然资本委员会在开展自然资本政策的早期发挥作用。在英国的案例中，自然资本委员会是限时的——它有一个初始的3年职权期，可以定期废止。这是另一个重要的机构的细节。一旦设立起信息和记账框架，其任务便推进到使用获得的信息并执行计划以提升总体自然资本。虽然自然资本委员会的任务需要持续进行下去，但它并没有设计为需要完成之前描述的所有角色，特别是处理补偿、环境税、提供公共品和自然资本基金。

完成所有这些事情需要一个新的和更为实体化的机构。类似于许多国家在试图将气候变化的缓和与适应政策相结合的过程中曾遇到的问题，以提升自然资本为目标的政策发展项目要求专人来负责这个计划，执行这个计划，并贯彻落实。它并不会以自由放任的自发性的方式发生。

现存的机构可能会因为一系列原因而失败。它们已经有了关于许多与自然资本贴近的目标。从不受先前的目标和行动阻碍的地方从零开始也有很多好处。一个方法是将自然资本委员会转化为气候变化委员会的复制品，由法律来支持，这是许多政党和环保非政府组织（NGO）给出的建议。

尽管这个建议具有优点，也不可能直接参考。简单地将碳与自然资本相比，气候变化方面的机构很少，然而自然资本领域已经有很多机构存在。在大多数国家，自然资本资产被许多公共的和私有的实体持有。设立一个新的自然资本机构要求一定程度的对现存机构的"手术"，这种方式对于气候变化委员会的产生并不是必要的，给定不同的起点，这类"手术"在不同国家也会有所不同。

一个新的自然资本机构需要被移植到这些现存机构的背景下。仅仅加入另一个机构并不会出现自动的改善，因为它产生了一系列新的接合以及机构之间的争论和权力争夺。很少有监管和公共机构能够抵制提高它们自己预算、员工数量和薪水的激励。它们是由人组成的，而不是无私心的圣人。面对一个新的阻碍，其他人的自然反应是保卫自己。

挑拣现有机构和角色并提供一个连贯的全面的机构框架是必要的无可逃避的。一方面，政策、法规和执行之间的区别是清晰的；另一方面是业务的交付活动是明显不同的。这些反过来与运作基金、设定税收和补贴，以及评估补偿支付方面是完全不同的。还有一个很强的论证，关于将国家公园、自然遗产、都市公园和其他公共物品的运作分割为俱乐部和信托并扩展它们的角色。最后，自然资本公共事业的生成为大型自然资本基础设施提供了体制结构。

对于独立于特定法律和现存机构背景的机构性问题，并没有正确的答案。在英国适用的未必在美国也适用，因为法律的角色十分不同，宪法背景下的立法程序也生成了不同的公共政策。欧洲的背景也不同，欧洲是基于法规的方法而不是基于实际判例的英国的做法。但在所有情况下，对自然资本的总体捍卫是明确的，职权范围包括给下一代留下更好的自然资本资产，监督这部书中描述的主要组成部分，每年向国会报告进展。从气候变化委员会的经验中学到的是立法支持的重要性。

有了这三个主要的资金要素——不可再生资源消耗的经济租金、补偿支付，以及环境税——和新的自然资本机构，我们恢复河流、土地和海洋环境的雄心之路变得越发清晰。人们有理由感到乐观、可持续的经济增长并不仅仅是一个愿望。有了一个机构的指引，它会从愿望变成可以实现的，也能够通过融资获得资金支持。

第十二章 结　论

人们倾向于认为，未来将是一个比现在多出30亿人口、温度至少高出2摄氏度且生物多样性大大减少的世界。许多环境学家也认为审判日即将到来，并且对未来世界的命运持绝对悲观的态度，这也与当今流行的观点相一致。他们提出，即便我们的星球存在着强大的自我修复能力，世界的终结也是早晚的事情。也许距世界的终结尚远，但这仍是不可避免的。

这是一种危险的思潮，它将误导我们脱离现实，是一种引领我们通向与现代文明分裂而非统一的原教旨主义。我们必须明白，环境崩溃不是不可避免的，文明也不会必然终结。但是，目前确实存在着许多真实的威胁因素——也是我们可以改变的因素。我们可以应对环境问题给我们带来的挑战，但这些问题不是依靠简单的商业手段便可以解决的，因此我们必须做出选择。

自然资本是构成我们世界的基本架构，也是构筑人类经济的物质基础。人类把自身全部的才智展现为思想、概念、理论和创意，并且通过神奇的人力资本将这些才智转化为包括农业、城市、交通、通信等在内已发展到不可思议规模的人类文明。但是这只不过是个开始，未来的科技进步必然使我们今天所拥有的文明黯然失色。

然而，人类的聪明才智不能脱离自然独立存在，自然资本是人类才智得以发展和运用的基础。如果没有自然资本的支撑，这个星球的生态系统和我们人类的文明均将瓦解。正如大气是我们赖以生存的一种混合气体。生物的多样性维持着大气的环境，也维持着海洋环境并支撑着我们赖以获取食物的农业，地质时代遗赠给我们的矿产资源是我们工业生产的基础。那些认为人类无需依赖自然资本便可以生存与发展的思想只不过是一种妄想，当自然资本被剥夺时，我们才会认识到人类生存的底线将真正受到严重的挑战。

在此有一个选择——我们可以继续目前的所作所为，届时悲观主义者可以心满意足的看到他们的预言得以实现。按照当前的趋势，甚至21世纪便可能迎来我们人类的终结之日，这正如马丁·利兹所假设的那样①。但也可能并不会如此，当前的趋势尚留有余地，世界终结之日可能需要相当长的时间才会到来，而不会是好莱坞所喜爱的《2012》中毁灭性灾难突然到来的场景。即使全球温度提高4摄氏度，许多生物依然会平安无事。尽管也有很多生物要面临生存问题，然而突变、灾难、瘟疫、毁灭也并非不可避免。即使当前一半的生物灭绝，地球仍很可能继续运转，就像生物种类要远远少于之前的地质时代一样。我们应该意识到，自然并不在乎生物是否具有多样性，只有我们在意。

而另一个选项比环境原教旨主义者或那些认为保护环境得不偿失的人所持有的观点都要合情合理。保护当前水平的自然资本使之不受侵害，不仅是可能的，成本也并非无法负担。可持续增长的路径仍是一条增长路径，而并不是要我们回到人类社会的原始状态。

然而，它确实要求我们改变生产生活方式，并设定一个核心目标：至少应确保自然资本资产不再减少。这是自然资本总法则中所囊括的要求，一条必须守住的底线。一旦这个目标被设定，一切其他目标和行为方式均应与此保持一致。实际上，这也是任何环境宣言的灵魂。

维持自然资本水平是实现可持续增长的一个必要条件，但这并不意味着完全不能损害环境，或自然资本之间不能进行替代，更不意味着零增长或者负增长。基于"拯救一切"运动的强持续性既无必要，也不合时宜，而且根本不切实际。除非改变人类的本性，否则这绝无可能。即使这是合意的结果，我们的地球也不能一直等到几千年后这样的事情发生。

这个看似简单的规则为我们经济的重塑提供了动力，并且它从改进会

---

① M. Rees, *Our Final Century*: *Will the Human Race Survive the Twenty- First Century*? (London: William Heinemann, 2003).

计规则着手确保可实施性。会计是环境保护主义者很少会涉及的领域，却是他们应该关注和接触的。我们如何去衡量经济的增长，我们为维护自然资本（以及其他形式的资本）应该提供怎样的会计规则，决定了我们以何种方式理解世界，采取怎样的行动保护并改善世界。未能认真地看待资产这个概念会使我们陷入当前仍然试图挣扎逃脱的财务混乱之中，未能认真的理解负债的内涵是那些本已被忽视的债务反过头来纠缠我们的一个原因。短期现金账户适合由仍在掌控经济政策方向的凯恩斯主义者所运用，但节俭、储蓄、维护资产以及投资才能为一条可持续增长路径铺下基石，而不是赤字、印钞和更加沉重的债务。环境保护主义者需要了解的是，凯恩斯主义的宏观经济管理理念和他们极力追求的目标之间存在着巨大的鸿沟。

自然资本总法则具有一些痛苦的政治含义。资产负债表、适当风险簿记制度和资本维护条款必将涉及政治领域，而这将突出这样一个事实——许多政治领袖一直以来所宣称的幻想与过去几十年的事实明显不符。

理解我们的经济发展到哪个阶段、当前正在发生些什么，是应对挑战的必要一步，而这需要正确的计量方法和准确的数据。关键在于理解可再生自然资本与不可再生自然资本的计量之间存在着根本的差别。可再生资源非常宝贵，但价值却接近于零。为什么？理由在于可再生自然资本可以不断自我更新，正如"可再生"这个词语所意味的那样。但只有它们的数量高于保持总量稳定所需的临界值，赖以存在的生态系统才能帮助它们实现持续的更新。大自然并不会向我们索取多少代价便会实现这个功能，尽管积极的管理也是经常需要的。只要我们采取正确的管理方式，并且它们的数量在临界值之上，可再生资源便会持续自我更新，或者至少持续到进化所允许的范围。实际上，可再生资源在无限时域上以接近0的成本自我更新，为我们人类带来的巨大的收益。因此，我们应该把可再生资源列入资产负债表，它们是我们经济发展和财富积累的重要支柱。

而非可再生资源与科技进步则一同推动了近两个世纪所经历的令人惊异的爆发式的经济增长。大自然给予我们大量的天然气、石油、煤炭、铁矿石、铜和其他矿物，我们曾像在糖果店中的孩童一样大肆取用这种珍稀的宝藏，结果大量的矿藏被掠夺，但我们却几乎或甚至完全没有考虑未来的子孙后代。这也随之创造出了这样的一种幻觉——我们人类认为自身现今的福利水平比实际上要高，这就像明明卖掉了传家宝，结果上却可以借此装作更加富有一样。

消耗非可再生自然资本并不一定是坏事情，只要这并没有造成破坏性的污染，并且在利用过程中考虑了子孙后代对资源的需求。使用非可再生自然资本所应遵循的规则非常简单：我们应把消耗不可再生资源所产生的经济租储蓄起来，用于为子孙后代而进行投资。在实践中，这意味着建立一只自然资本基金，就像挪威的主权财富基金一样，事实上，这是大部分资源富裕的国家所缺少的。相反，这些金钱通常被这些国家的精英阶层挥霍于对战利品的争夺中，资源的诅咒致使这些国家福利水平下降，尚不如将这些资源留在地下。这也使得这些国家的经济增速低于自然资本总规则所预示的可持续增速。

自然资本基金可以确保自然资本资产在代际间进行转移。与许多关于如何实现资源可持续利用的政治理论不同，这种资产转移不是通过某种货币方式转移效用改进人们的福利，或至少不是直接那么做。它更强调的是未来，确保下一代拥有追求美好生活所必需的财富。这种转移给予了后代发展所需的自然资本禀赋，而不是一个确保下一代人同样幸福的雄心，这正是布伦特兰说对的一点。

下一代人应该得到与我们现今所继承的至少总体上同样优良的自然资本资产，但是其具体的组成并不需要完全相同。这也是我们的总规则方法被普遍接受的原因：如果有足够的、实际可行的补偿，它允许自然资本之间进行替代。而更加彻底的要求是不可再生自然资本的消耗应通过增加可再生自然资本进行补偿，这是一种将修复自然资本从愿望化为现实的主要方式，并且我们能够借此扩大自然资本规模至最优状态。

为了实施上述规则，需要建立补偿机制，"追随金钱"的格言也应被践行。补偿机制要求配置用于补偿损害的资源，而使用资源需要付出成本，成本与价格可以被看作一回事，故而金钱可以作为践行规则的手段，金钱究竟如何流动时则取决于制度设计。

不可再生资源的消耗可以带来大量的金钱，这比至今为止所有直接用于增加自然资本的收入的规模要大得多。尽管这些收入不大可能均用于此，但即使仅投入其中的一部分，相比过去仍相当可观。仅由美国甚至英国消耗石油和天然气所产生的收入规模就可建立一支庞大的自然资本基金，基金的规模将远远超出大部分环保团体的想象。

有这些金融资源作为保障，今天我们所面临的环境问题没有理由不被解决，总规则也必然满足。我们的经济能够、也应该在一个可持续的基础上增长。我们可以继续从技术进步中获益，这种技术进步带给我们火车和汽车、电力和互联网，同时保护并改善我们的环境。但如果我们不按总规则行事，我们将面临巨大的风险，霍布斯描述中的"肮脏、野蛮、短暂"的生活可能将成为许多穷困国家的命运，即使富人可以幸免于最坏的结果。

这样便存在一种乐观、积极的看待我们今天所面临的环境挑战的方式——我们可以应对这些挑战，经济增长和环境的可持续性可以兼容。实际上，也必须是这样，这也将产生巨大的收益。我们可以保护并增强生物多样性，气候环境可以变得稳定，我们也可以养育额外增加的30亿人口。但是，这都要求以巨大的技术进步作为支撑。

气候变化问题相对容易解决。太阳每日照常升起，而下一代太阳能技术很有可能迎来突破性进步。这很可能重塑我们的能源消费结构，大大减少温室气体的排放，这可能在未来几十年中发生。新的能源存储方式、电动汽车、信息化的住宅、远距离传输电缆技术都真实存在于可预期的未来。相反，如果没有这些技术，气候环境将超出它的承载能力。这是因为如果没有技术突破，很难想象全球能源需求会减少，那么现存的可再生资源和核能不足以填补未来的需求缺口，这不仅仅是因为人口还将继续增长。这也是我所写的《碳危机》中所提出的一个中心思想。

科技的发展有助于保护生物多样性、热带雨林以及特定的物种。全球定位系统、无人机与卫星技术使得偏远地区司空见惯的生态破坏从无人知晓变得公开透明，过去由于公司游说甚至犯罪团伙影响而被政客们忽视的问题如今比那时难以隐藏。科学还告诉我们更多关于生态系统如何运行、如何相互作用的知识，而过去我们知道的很少。这也使得生态保护项目更加有效的实施。

技术进步对于养活世界人口也至关重要。当今世界已经有接近半数的土地用于耕种作物，化肥、杀虫剂和污染物的排放威胁着水质安全，大规模的捕鱼业、监管失当的水产养殖同样威胁着海洋生态。凭借现有技术满足30亿新增人口的需求十分艰难，尤其在这30亿人口像欧洲人和美国人一样大量消费肉类的情形下就更加困难。面对这样的挑战，食品生产技术进步快速，产生了基因工程等一系列方法用以增加产量。这就面对一个严峻的抉择：产量必须增加，或人们需要忍受饥饿。

将科学和技术作为问题解决方案的一部分而不是把它们看作问题的一部分，对于某些环保人士来说难以接受。很多民间环保组织喜欢打出类似"怪物博士的食物"等口号，主张远离科学。而"科学绝对安全"，成为了尝试回归简单生活道路上的路障，但却成功的契合了更加理想主义、生活富裕、也往往更年轻的群体的幻想。但悲哀的是，这些只不过会使我们的星球的生态变得更加不可持续。主张回归简单生活、降低农业集约度、仅利用风力电机和太阳能板发电的活动者，需要好好思考一下他们的主张对于现实世界的含义。如果他们的主张得以实行，那么100亿人就不可能吃得饱，更不可能获得充足的营养，而应是只有更少数量的人类生存于现今世界。那便是经济学家哈丁在他论述"公共地悲剧"的著名文章中所宣扬的那种压迫。

这里还有一种与上述主张完全一致的论点——人类数量更小，消费也就更少，人们将继承在一个生物多样性和气候环境良好的星球。不过，只需要花片刻时间稍加思考，就会发现这个论点实际上是一种没有丝毫可行性的策略。我们究竟该如何组织人们生育？为他们提供避孕手段、完善的医疗保障以及良好的教育，是的，这些确有帮助。但这并不能阻止人口突破100亿大关。想方设法使他们更加富裕便能促使他们养育更少的子女？这也许可能，但这也将增加消费，从而对环境形成更多的影响。最好我们应该坦诚的对待这个问题：为了实现这个计划，需要像中国实行计划生育那样的强制力。这么做的结果是可怕的，而且这也并没有阻止中国当今大规模的环境破坏，并没有使得世界能够幸免于最近20年的生态环境问题。如若人类确实需要控制生育，那么以爱德华·奥斯本·威尔森所提出的问题来进行思考便更加合适——人类是否会自我毁灭？答案当然是这不会发生。

这样，我们就得到了一个完整的答案，这也是一个好的结论所应该提供的。诚然，我们面对一个严峻的问题，但也存在着一个解决方案。人们必须决定是否要做自身应该做的事情，这个决定也并非像一些人所说的那般痛苦，可持续增长也并不意味着低增长。想让我们如此相信的那些人通常都对环境抱有恶意，他们或是说客，或是开发商，也可能是农民，这些人抵制任何想要限制他们利用其所控制自然资本的权利的主张。

更好的路径是，从当地和国内开始行动，再逐步推广并落实自然资本总规则。这对解决如碳排放等全球性问题可能不会有太大帮助，但是这仍对保护生物多样性有益，对当地和国内的下一代有益。最重要的是，这样做更加符合实际——我们今天可以从建立自然资本的合理计量规则开始，并同时着手建立用于补偿不可再生资源消耗的自然资本基金，设计合理的补偿机制和制度。生态环境税可以部分的取代劳务税，降低对劳动收入的课税，自动改进了税制的效率。在当地、国家和世界层面，我们均能从开放的空间、林地、国家公园获益。更加重要的是，我们不仅能够维持当前的自然资本水平，而且恢复重要物种的数量、修复生态系统及众多生物的集聚栖息地也都是可行的。

这是自然资本给予我们的回报，而且这是不需要花费更多公共支出即可获取的回报。只需想象鱼虾随处可见的河流，昆虫、鸟类和哺乳动物繁荣共生的大地，以及遍布巨鲸和珊瑚礁的海洋，我们就会发现世界是多么的美好。这并不仅仅是一个梦想，但如若我们依然肆意妄为，拒绝将自然资本置入我们经济的核心，那么这一切将无法实现。我们可以获得这样丰厚的回报，我们也可以失去更多的自然财富，以人类的未来作为赌注来冒险。获取自然资本、享受自然资本是人类美好生活的一个组成部分。我们人类终究诞生于自然资本之中，是大自然的一部分，而并不能与之分离，这正是达尔文向我们揭示的真知灼见。用爱德华·奥斯本·威尔森的话来说，我们有足够的才智和时间去避免人类文明中的负面因素最终导致的环境灾难[1]。但是，为了达到这样一个目标，我们需要认真对待并尽早开始行动。

---

① E. O. Wilson, *In Search of Nature* (London: Allen Lane, 1996), p. 191.

[1] Barber, K. E., Chambers, F. M., Maddy, D., Stoneman, R. and Brew, J. S., 'A Sensitive High-Resolution Record of Late Holocene Climatic Change from a Raised Bog in NorthernEngland', *Holocene*, 4 (1994), pp. 198–205.

[2] Barbier, E. B., *Capitalizing on Nature: Ecosystems as Natural Assets*. Cambridge: Cambridge University Press, 2011.

[3] Barbier, E. B., 'Natural Capital', in D. Helm. and C. Hepburn (eds), *Nature in the Balance: The Economics of Biodiversity*, ch. 8. Oxford: Oxford University Press, 2013.

[4] Barrett, S., *Environment and Statecraft: The Strategy of Environmental Treaty- Making*. Oxford: Oxford University Press, 2005.

[5] Barro, R., 'Are Government Bonds Net Wealth?', *Journal of Political Economy*, 82:6 (1974), pp. 1095–117.

[6] Bateman, I. J. and Mawby, J., 'First Impressions Count: A Study of the Interaction of Interviewer Appearance and Information Effects in Contingent Valuation Studies', *Ecological Economics*, 49:1 (2004), pp. 47–55.

[7] Bateman, I. J., Lovett, A. A. and Brainard, J. S., *Applied Environmental Economics: A GIS Approach to Cost–Benefit Analysis*. Cambridge: Cambridge University Press, 2003.

[8] Beckerman, W., *Small Is Stupid: Blowing the Whistle on the Greens*. London: Duckworth, 1995.

[9] Benayas, J. M. R., Newton, A. C., Diaz, A. and Bullock, J. M., 'Enhancement of Biodiversity and Ecosystem Services by Ecological Restoration: A Meta- analysis', *Science*, 325 (Aug. 2009), pp. 1121–4.

[10] Blackbourn, D., *The Conquest of Nature: Water, Landscape and the Making of Modern Germany*. London: Pimlico, 2007.

[11] Bryant, B., *Twyford Down: Roads, Campaigning and Environmental Law*. London: Routledge, 1995.

[12] Brynjolfsson, E. and McAfee, A., *The Second Machine Age: Work, Progress, and Prosperity in a Time of Brilliant Technologies*. New York: W. W. Norton, 2014.

[13] Burgess, J. C., Kennedy, C. J. and Mason, C., 'On the Potential for Speculation to Threaten Biodiversity Loss', in D. Helm and C. Hepburn (eds), *Nature in the Balance: The Economics of Biodiversity*, ch. 15. Oxford: Oxford University Press, 2013.

[14] Carlyle, T., 'Occasional Discourse on the Negro Question', *Fraser's Magazine for Town and Country*, London, 1849.

[15] Carson, R., *Silent Spring*. Boston: Houghton Mifflin, 1962.

[16] Carter, C. A. and Miller, H. I., 'Ethanol Subsidies: Dumping Corn in the Ocean Would Be a Better Idea', *Forbes*, 6 July 2011. At http://www.forbes.com/sites/henrymiller/2011/06/07/ ethanol- subsidies- dumping- corn- in- the- ocean- would- be- a- better- idea/ (accessed Dec. 2014).

[17] Coase, R., 'The Problem of Social Cost', *Journal of Law and Economics*, 3 (Oct. 1960), pp. 1–44.

[18] Cole, L. E. S., Bhagwat, S. A. and Willis, K. J., 'Recovery and Resilience of Tropical Forests after Disturbance', *Nature Communications*, 5 (May 2014). At http://www.nature. com/ncomms/2014/140520/ncomms4906/full/ncomms4906.html (accessed Dec. 2014).

[19] Coyle, D., *GDP: A Brief but Affectionate History*. Princeton: Princeton University Press, 2014.

[20] DEFRA (Department for Environment, Food and Rural Affairs), 'Current and Future Deer Management Options', report by C. J. Wilson on behalf of DEFRA European Wildlife Division, Dec. 2003.

[21] DEFRA (Department for Environment, Food and Rural Affairs), 'The Natural Choice: Securing the Value of Nature', White Paper, Stationery Office, June 2011.

[22] DEFRA (Department for Environment, Food and Rural Affairs), 'Biodiversity Offsetting in England', Green Paper, Sept. 2013.

[23] Department of the Environment, 'This Common Inheritance: Britain's Environmental Strategy', White Paper, Stationery Office, 1990.

[24] Dikötter, F., *Mao's Great Famine: The History of China's Most Devastating Catastrophe,*

1958–62. London: Bloomsbury, 2010.

[25] Dorling, D., *Population 10 Billion: The Coming Demographic Crisis and How to Survive It*. London: Constable, 2013.

[26] Economy, E. C., *The River Runs Black: The Environmental Challenge to China's Future*. Council on Foreign Relations. Ithaca, NY: Cornell University Press, 2004.

[27] Ecosystem Markets Task Force, 'Realising Nature's Value: The Final Report of the Ecosystem Markets Task Force', report to Secretaries of State for Environment, Food and Rural Affairs; Business, Innovation and Skills; and Energy and Climate Change, Mar. 2013.

[28] Ehrlich, P. R., *The Population Bomb: Population Control or Race to Oblivion?* New York: Ballantine Books, 1968.

[29] Elliot, R., 'Faking Nature', *Inquiry: An Interdisciplinary Journal of Philosophy*, 25:1 (1982). Environment Bank Ltd, 'Independent Assessment of the Potential for Biodiversity Offsetting to Compensate for Nightingale Habitat Loss at Lodge Hill, Kent', Environment Bank Ltd, July 2012.

[30] Fuller, E., *The Passenger Pigeon*. Princeton: Princeton University Press, 2015.

[31] Gardner, B. L., *American Agriculture in the Twentieth Century: How It Flourished and What It Cost*. Cambridge, MA: Harvard University Press, 2002.

[32] Gerland, P., Raftery, A. E., Ševčíková, H., Li, N., Gu, D., Spoorenberg, T., Alkema, L., Fosdick, B. K., Chunn, J., Lalic, N., Bay, G., Buettner, T., Heilig, G. K. and Wilmoth, J., 'World Population Stabilization Unlikely This Century', *Science*, 346 (Sept. 2014), pp. 234–7.

[33] Godfray, H. C. J. and Garnett, T., 'Food Security and Sustainable Intensification', *Philosophical Transactions of the Royal Society, Biological Sciences*, 369 (Feb. 2014).

[34] Godfray, H. C. J., Beddington, J. R., Crute, I. R., Haddad, L., Lawrence, D., Muir, J. F., Pretty, J., Robinson, S., Thomas, S. M. and Toulmin, C., 'Food Security: The Challenge of Feeding 9 Billion People', *Science*, 327 (Feb. 2010), pp. 812–18.

[35] Goldsmith, E., Prescott- Allen, R., Allaby, M., Davoll, J. and Lawrence, S., 'A Blueprint for Survival', *The Ecologist*, 2:1 (Jan. 1972).

[36] Grant, A., 'Restoration and Creation of Saltmarshes and Other Intertidal Habitats', Centre for Ecology, Evolution and Conservation, University of East Anglia. At http://www.uea.ac.uk/~e130/Saltmarsh.htm# (accessed Dec. 2014).

[37] Hallam, A., *Catastrophes and Lesser Calamities: The Causes of Mass Extinctions*. Oxford: Oxford University Press, 2005.

[38] Hallam, A. and Wignall, P. B., *Mass Extinctions and the Aftermath*. Oxford: Oxford University Press, 1997.

[39] Hamilton, K. and Lui, G., 'Human Capital, Tangible Wealth, and the Intangible Capital Residual', *Oxford Review of Economic Policy*, 30:1 (2014), pp. 70–91

[40] Hanley, N., Banerjee, S., Lennox, G. D. and Armsworth, P. R., 'Incentives, Private Ownership, and Biodiversity Conservation', in D. Helm and C. Hepburn (eds), *Nature in the Balance: The Economics of Biodiversity*, ch. 14. Oxford: Oxford University Press, 2013.

[41] Hardin, G., 'The Tragedy of the Commons', *Science*, 162 (1968), pp. 1243–8.

[42] Hartwick, J. M., 'Intergenerational Equity and the Investment of Rents from Exhaustible Resources', *American Economic Review*, 67 (Dec. 1977), pp. 972–4.

[43] Heller, J., *Catch–22*. New York: Simon & Schuster, 1961.

[44] Helm, D., *The Carbon Crunch: How We're Getting Climate Change Wrong – and How to Fix It*. London: Yale University Press, 2013.

[45] Helm, D., 'Regulatory Reform, Capture, and the Regulatory Burden', *Oxford Review of Economic Policy*, 22:2 (2006), pp. 169–85.

[46] Helm, D., 'Infrastructure and Infrastructure Finance: The Role of the Government and the Private Sector in the Current World', *EIB Papers* (European Investment Bank), 15:2 (2010), pp. 8–27.

[47] Helm, D., 'Peak Oil and Energy Policy: A Critique', *Oxford Review of Economic Policy*, 27:1 (2011).

[48] Helm, D. and Hepburn, C. (eds), *Nature in the Balance: The Economics of Biodiversity*. Oxford: Oxford University Press, 2013.

[49] Helmas, M. R., Mahler, D. L. and Losos, J. B., 'Island Biogeography of the Anthropocene', *Nature*, 513 (2014), pp. 543–6.

[50] Hepburn, C., 'Regulating by Prices, Quantities or Both: An Update and an Overview', *Oxford Review of Economic Policy*, 22:2 (2006), pp. 226–47.

[51] Hicks, J. R., 'Annual Survey of Economic Theory: The Theory of Monopoly', *Econometrica*, 3:1 (1935), pp. 1–20.

[52] Hicks, J. R., *Wealth and Welfare*, vol. 1 of *Collected Essays in Economic Theory*. Oxford: Basil Blackwell, 1981.

[53] Hobbes, T., *Leviathan or The Matter, Forme and Power of a Common Wealth Ecclesiasticall and Civil*. London, 1651.

[54] Hoskins, W. G., *The Making of the English Landscape*. London: Hodder & Stoughton,

1955.

[55] Hunt, T. and Lipo, C., *The Statues That Walked: Unraveling the Mystery of Easter Island*. New York: Free Press, 2011.

[56] Independent Panel on Forestry, 'Final Report', Department of Environment, Food and Rural Affairs, 4 July 2012. At https://www.gov.uk/government/publications/independentpanel-on-forestry- final- report (accessed Dec. 2014).

[57] Keynes, J. M., *Essays in Persuasion*, vol. 9 of *The Collected Writings of John Maynard Keynes*. London: Macmillan, 1930.

[58] Keynes, J. M., *The General Theory of Employment, Interest, and Money*. London: Macmillan, 1936.

[59] Kling, C. L., Phaneuf, D. J. and Zhao, J., 'From Exxon to BP: Has Some Number Become Better Than No Number?', *Journal of Economic Perspectives*, 26:4 (Fall 2012), pp. 3–26.

[60] Lane, N., *Life Ascending: The Ten Great Inventions of Evolution*. London: Profile, 2010.

[61] Lawton, J., 'Making Space for Nature: A Review of England's Wildlife Sites and Ecological Network', report to DEFRA, Sept. 2010.

[62] Lear, L., *Rachel Carson: Witness for Nature*. New York: Allen Lane, 1997.

[63] Linklater, A., *Owning the Earth: The Transforming History of Land Ownership*. London: Bloomsbury, 2014.

[64] Locke, J., *Second Treatise of Civil Government*. 1690.

[65] Lovegrove, R., *Silent Fields: The Long Decline of a Nation's Wildlife*. Oxford: Oxford University Press, 2007.

[66] Lucas, R., 'Macroeconomic Frontiers', *American Economic Review*, 93:1 (2003), pp. 1–14.

[67] Lynch, D. J. and Bjerga, A., 'Taxpayers Turn U.S. Farmers into Fat Cats with Subsidies', Bloomberg, 9 Sept. 2013. At http://www.bloomberg.com/news/2013–09–09/farmersboost-revenue- sowing- subsidies- for- crop- insurance.html (accessed Dec. 2014).

[68] Mace, G., 'Towards a Framework for Defining and Measuring Changes in Natural Capital', Natural Capital Committee, Working Paper 1, Mar. 2014. At https://www.naturalcapitalcommittee.org/working- papers.html (accessed Dec. 2014).

[69] MacKay, D. J. C., *Sustainable Energy – Without the Hot Air*. Cambridge: UIT, 2008.

[70] Maddison, A., *The World Economy*, vol. 1: *A Millennial Perspective*; vol. 2: *Historical Statistics*. Paris: OECD, 2006.

[71] Maller, C., Townsend, M., Pryor, A., Brown, P. and St Leger, L., 'Healthy Nature Healthy People: "Contact with Nature" as an Upstream Health Promotion Intervention for

Populations', *Health Promotion International*, 21:1 (2005).

[72] Malthus, T., *Essay on the Principle of Population* (1798), ed. Anthony Flew. Harmondsworth: Pelican Books, 1970.

[73] Mayer, C., 'Unnatural Capital Accounting', Natural Capital Committee Members' Discussion Paper 1, 15 Dec. 2013.

[74] Mayhew, R. J., *Malthus: The Life and Legacies of an Untimely Prophet*. Cambridge, MA: Harvard University Press, 2014.

[75] McKenney, B. A. and Kiesecker, J. M., 'Policy Development for Biodiversity Offsets: A Review of Offset Frameworks', *Environmental Management*, 45 (2010), pp. 165–76.

[76] McNeill, J. R., *Something New under the Sun: An Environmental History of the Twentieth Century World*. New York: W. W. Norton, 2000.

[77] Meadows, D. H., Meadows, D. L., Randers, J. and Behrens, W. W., III, *The Limits to Growth: A Report for the Club of Rome's Project on the Predicament of Mankind*. New York: Universe Books, 1972.

[78] Mill, J. S., *On Liberty*. London: John W. Parker & Son, 1859.

[79] Mill, J. S., 'Utilitarianism', first published in *Fraser's Magazine*, 1861.

[80] Millennium Ecosystem Assessment, *Ecosystems and Human Well- Being: A Synthesis*. Washington DC: Island Press, 2005.

[81] Mirrlees, J., Adam, S., Besley, T., Blundell, R., Bond, S., Chote, R., Gammie, M., Johnson, P., Myles, G. and Poterba, J., *Tax by Design: The Mirrlees Review*. Institute of Fiscal Studies. Oxford: Oxford University Press, 2011.

[82] Murphy, G., *Founders of the National Trust*. London: Christopher Helm, 1987.

[83] Myers, N. and Kent, J., *Perverse Subsidies: How Tax Dollars Can Undercut the Environment and the Economy*. Washington, DC: Island Press, 2001.

[84] Myers, N., Mittermeier, R. A., Mittermeier, C. G., da Fonseca, G. A. B. and Kent, J., 'Biodiversity Hotspots for Conservation Priorities', *Nature*, 403 (Feb. 2000), pp. 853–8.

[85] Natural Capital Committee, 'The State of Natural Capital: Towards a Framework for Measurement and Valuation', report, April 2013. At www.naturalcapitalcommittee.org (accessed Dec. 2014).

[86] Neumayer, E., *Weak versus Strong Sustainability: Exploring the Limits of Two Opposing Paradigms*. Cheltenham: Edward Elgar, 2003.

[87] Oaks, J. L., Gilbert, M., Virani, M. Z., Watson, R. T., Meteyer, C. U., Rideout, B. A., Shivaprasad, H. L., Ahmed, S., Chaudhry, M. J., Arshad, M., Mahmood, S., Ali, A. and

Khan, A. A., 'Diclofenac Residues as the Cause of Vulture Decline in Pakistan', *Nature*, 427 (12 Feb. 2004).

[88] Obst, C. and Vardon, M., 'Recording Environmental Assets in the National Accounts', *Oxford Review of Economic Policy*, 30:1 (2014), pp. 126–44.

[89] ONS (Office for National Statistics), 'UK Natural Capital: Initial and Partial Monetary Estimates', by J. Khan, P. Greene and A. Johnson, 2 May 2014. At http://www.ons.gov.uk/ons/dcp171766_361880.pdf (accessed Dec. 2014).

[90] Ostrom, E., 'Collective Action and the Evolution of Social Norms', *Journal of Economic Perspectives*, 14:3 (2000), pp. 137–59.

[91] Parker, G., *Global Crisis: War, Climate Change and Catastrophe in the Seventeenth Century*. London: Yale University Press, 2013.

[92] Parslow, R., *The Isles of Scilly*. London: HarperCollins, 2007.

[93] Pearce, D., Barbier, E. and Markandya, A., *Sustainable Development: Economics and Environment in the Third World*. Aldershot: Edward Elgar, 1990.

[94] Pigou, A. C., *The Economics of Welfare*. London: Macmillan, 1920.

[95] Ramsay, F., 'A Mathematical Theory of Savings', *Economics Journal*, 38 (1928), pp. 543–59.

[96] Ratcliffe, D., *The Peregrine Falcon*, 2nd edn London: T. & A. D. Poyser, 1993.

[97] Rawls, J., *A Theory of Justice*. Cambridge, MA: Harvard University Press, 1971.

[98] Rees, M., *Our Final Century: Will the Human Race Survive the Twenty- First Century?*

[99] London: William Heinemann, 2003.

[100] Reinhart, C. M. and Rogoff, K. S., *This Time Is Different: Eight Centuries of Financial Folly*. Princeton: Princeton University Press, 2009.

[101] Rousseau, J.- J., *The Social Contract, or Principles of Political Right*. 1762.

[102] Rydin, H. and Jeglum, J., *The Biology of Peatlands*. Oxford: Oxford University Press, 2006.

[103] Sagoff, M., 'The Catskill Parable: A Billion Dollar Misunderstanding', *PERC Report* (Property and Environment Research Center), 23:2 (Summer 2005).

[104] Scott, M., *A New View of Economic Growth*. Oxford: Oxford University Press, 1989.

[105] Scott, M., 'What Sustains Economic Development?', in I. Goldin and L. A. Winters (eds), *The Economics of Sustainable Development*. Cambridge: Cambridge University Press, 1995.

[106] Searchinger, T., Heimlich, R., Houghton, R. A., Dong, F., Elobeid, A., Fabiosa, J., Tokgoz,

S., Hayes, D. and Yu, T.- H., 'Use of US Croplands for Biofuels Increases Greenhouse Gases through Emissions from Land- Use Change', *Science*, 319 (Feb. 2008), pp. 1238–40.

[107] Sen, A., *Commodities and Capabilities*. Oxford: Oxford University Press, 1987.

[108] Sen, A., *The Idea of Justice*. London: Allen Lane, 2009.

[109] Sen, A., 'The Impossibility of a Paretian Liberal', *Journal of Political Economy*, 78:1 (1970), pp. 152–7.

[110] Sen, A., Harwood, A., Bateman, I. J., Munday, P., Crowe, A., Haines- Young, R., Brander, L., Provins, A., Raychaudhuri, J., Lovett, A. and Foden, J., 'Economic Assessment of the Recreational Value of Ecosystems in Great Britain', *Environmental and Resource Economics*, 57:2 (2014), pp. 233–49.

[111] Shrubb, M., *Birds, Scythes and Combines: A History of Birds and Agricultural Change*. Cambridge: Cambridge University Press, 2003.

[112] Skidelsky, R., *John Maynard Keynes: Hopes Betrayed, 1883–1920*. London: Macmillan, 1983.

[113] Smout, T. C., *Nature Contested: Environmental History in Scotland and Northern England since 1600*. Edinburgh: Edinburgh University Press, 2000.

[114] Solow, R. M., 'Intergenerational Equity and Exhaustible Resources', *Review of Economic Studies*, 41 (1974), pp. 29–46.

[115] Stamp, D., *Nature Conservation in Britain*. London: Collins, 1974.

[116] Stern, N., *The Economics of Climate Change: The Stern Review*. Cambridge: Cambridge University Press, 2007.

[117] Strachey, L., *Eminent Victorians*. London: Chatto & Windus, 1918.

[118] Tallis, J. A., 'Blanket Mires in the Upland Landscape', in B. D. Wheeler, S. C. Shaw, W. J. Fojt and R. A. Robertson (eds), *Restoration of Temperate Wetlands*, pp. 495–508. Chichester: Wiley, 1996.

[119] TEEB (The Economics of Ecosystems and Biodiversity), 'The Economics of Ecosystems and Biodiversity: Mainstreaming the Economics of Nature – A Synthesis of the Approach, Conclusions and Recommendations of TEEB', European Communities, Geneva, 2010.

[120] Thomas, C. D., 'Local Diversity Stays about the Same, Regional Diversity Increases, and Global Diversity Declines', *PNAS (Proceedings of the National Academy of Sciences)*, 110:48(26 Nov. 2013), pp. 19187–8.

[121] Thomas, K., *Man and the Natural World: Changing Attitudes in England 1500–1800*.

London: Penguin Books, 1984.

[122] Thoreau, H. D., *Walden; or, Life in the Woods*. Boston: Ticknor & Fields, 1854.

[123] Tietenberg, T., 'The Tradable- Permits Approach to Protecting the Commons: Lessons for Climate Change', *Oxford Review of Economic Policy*, 19:3 (2003), pp. 400–19.

[124] UNEP- WCMC (United Nations Environment Programme's World Conservation Monitoring Centre), *UK National Ecosystem Assessment: Synthesis of the Key Findings*, 2011. At http://uknea.unep- wcmc.org/Resources/tabid/82/Default.aspx (accessed Dec. 2014).

[125] UNU- IHDP (United Nations University- International Human Dimensions Programme on Global Environmental Change) and UNEP (United Nations Environment Programme), *Inclusive Wealth Report: Measuring Progress towards Sustainability*. Cambridge: Cambridge University Press, 2012.

[126] van der Ploeg, F., 'Natural Resources: Curse or Blessing?', *Journal of Economic Literature*, 49:2 (2011), pp. 366–420.

[127] Wäber, K., Spencer, J. and Dolman, P. M., 'Achieving Landscape- Scale Deer Management for Biodiversity Conservation: The Need to Consider Sources and Sinks', *Journal of Wildlife Management*, 77:4 (May 2013), pp. 726–36.

[128] Ward, B. and Dubos, R., *Only One Earth: The Care and Maintenance of a Small Planet*. New York: W. W. Norton, 1972.

[129] WCED (World Commission on Environment and Development), 'Our Common Future: Report of the World Commission on Environment and Development', The Brundtland Report, United Nations, 1987.

[130] Weitzman, M. L., 'Prices vs. Quantities', *Review of Economic Studies*, 41:4 (1974), pp. 477–91.

[131] Weitzman, M. L.,'Fat- Tailed Uncertainty in the Economics of Catastrophic Climate Change', Symposium on Fat Tails and the Economics of Climate Change, *Review of Environmental Economics and Policy*, 5:2 (Summer 2011), pp. 275–92.

[132] Wigan, M., *The Salmon: The Extraordinary Story of the King of Fish*. London: HarperCollins, 2014.

[133] Willis, K. J., Macies- Fauria, M., Gasparatos, A. and Long, P., 'Identifying and Mapping Biodiversity: Where Can We Damage?', in D. Helm and C. Hepburn (eds), *Nature in the Balance: The Economics of Biodiversity*, ch. 4. Oxford: Oxford University Press, 2013.

[134] Wilson, E. O., *The Diversity of Life*. Cambridge, MA: Harvard University Press, 1992.

[135] Wilson, E. O., *In Search of Nature*. London: Allen Lane, 1996.

[136] Woodcock, B. A., Bullock, J. M., Mortimer, S. R., Brereton, T., Redhead, J. W., Thomas, J. A. and Pywell, R. F., 'Identifying Time Lags in the Restoration of Grassland Butterfly Communities: A Multi- site Assessment', *Biological Conservation*, 155 (Oct. 2012), pp. 50–8.

[137] Wordsworth, W., *A Guide through the District of the Lakes in the North of England: With a Description of the Scenery, &c., for the Use of Tourists and Residents*, 5th edn. Kendal: Hudson & Nicholson, 1835.

[138] World Bank, *World Development Report: Agriculture for Development*. Washington, DC: World Bank, 2008.

[139] Worster, D., *The Wealth of Nature: Environmental History and the Ecological Imagination*. New York: Oxford University Press, 1993.

[140] WWF, *Living Planet Report 2014: Species and Spaces, People and Places*, ed. T. McLellan, L. Iyengar, B. Jeffries and N. Oerlemans. Gland: WWF, 2014.